Hochleithner

Barsche

AquaTech
Publications

Meinem
langjährigen
Kollegen und Geschäftspartner

Dr. Stefano Marturano

Mailand/Italien
für die vertrauensvolle Zusammenarbeit
gewidmet.

Martin Hochleithner

BARSCHE
(Percidae)

Biologie und Aquakultur

AT ***Ratgeber***

Impressum

1. Auflage, 2005, 172 Seiten.
2. Auflage, 2015, 188 Seiten.

Titelbild: *Sander lucioperca*
Foto: Martin Hochleithner

AquaTech Publications
Unterbrunnweg 3
6370 Kitzbühel, Austria

http://www.aqua-tech.eu
http://www.aquatech.8m.com
http://www.aquaculture-com.net

Printed in Germany by:
Books on Demand GmbH, Norderstedt
ISBN 978-3-902855-20-6

Inhalt

ALLGEMEIN

ARTEN in Einzeldarstellung

AQUAKULTUR

Vermehrung

Danksagung

Ohne die Hilfe einiger Wissenschaftler und Praktiker wäre natürlich auch dieses Buch nicht so attraktiv geworden. Daher möchte ich mich bei allen, die zu meiner bisherigen Arbeit mit Barschen und der Erstellung des vorliegenden Buches beigetragen haben, ganz herzlich bedanken.

Mein besonderer Dank gebührt:

Herrn
Prof. Dr. Miklós Bercsényi,
Márk Bódis, István Csapó und Tamás Müller
Keszthely/Ungarn
für die Mitarbeit am Aquakulturteil,

sowie

Herrn
Günter Feuerstein
Diepoldsau/Schweiz
für die Ausführungen zur Angelfischerei,

und

Herrn
Mag. Nikolaus Schotzko
Innsbruck/Österreich
für die hilfreiche Durchsicht des Manuskripts.

*Nichts
ist gefährlicher als jemand,
dem die Begrenztheit seiner Daten
nicht bewußt ist.*

(P. A. Larkin, 1977)

Vorwort

Seit der ersten Auflage ist nun rund ein Jahrzehnt vergangen und die Zucht und Produktion von Barschen hat sich wesentlich weiterentwickelt. Barsche und Zander werden nun sowohl in Europa als auch in Nordamerika in der Aquakultur (Teichen und Becken) zum Speisefisch gezogen. Dabei stieg die Produktion in Europa in den 2000er Jahren bei Barschen (*Perca fluviatilis*) und Zandern (*Sander lucioperca*) von 126 auf 231 t bzw. von 323 auf 488 t. In den letzten Jahren wurden vor allem in Europa (u.a. Niederlande, Deutschland, Dänemark, Schweiz) einige Kreislaufanlagen neu errichtet, wobei deren Produktion (50 bzw. 150 t) noch relativ gering ist. Derzeit beschäftigen sich aber auch zahlreiche Forschungsinstitute in Europa (u.a. Irland, Frankreich, Belgien, Polen, Tschechien, Ungarn) mit dieser Thematik und es ist zu erwarten dass sich die Ergebnisse noch wesentlich verbessern und erhöhen lassen. Allerdings hat sich in den 2000er Jahren in Europa der Fang aus der Fischerei an Barschen (*Perca fluviatilis*) von 21.661 auf 24.108 t erhöht, an Zandern (*Sander lucioperca*) aber von 12.112 auf 9.051 t verringert, wobei das meiste jeweils auf Russland und Finnland entfällt.

Inzwischen haben sich auch die Kenntnisse über die Biologie einiger Arten wesentlich verbessert. Zahlreiche Erfahrungen im In- und Ausland, sowie interessante Daten und Informationen konnten gesammelt und einige Abbildungen der einzelnen Arten hinzugefügt werden. In Europa wurde vor kurzem sogar eine neue Art beschrieben (*Gymnocephalus ambriaelacus*), die in dieser Auflage nun auch enthalten ist. In Nordamerika wurden zudem auch einige neue Arten der Springbarsche (Darter) beschrieben.

Hoffen wir, dass sich die Kenntnisse um die Biologie erweitern, die Techniken in der Aquakultur verfeinern und die natürlichen Bestände der Barsche erhalten lassen.

Kitzbühel, im Frühjahr 2015

Martin Hochleithner

ALLGEMEIN

Einleitung

Barsche sind bereits aus der Periode des Tertiärs bekannt. Sie haben durch das wohlschmeckende Fleisch und das schnelle Wachstum das einige Arten erreichen können, sowie ihr Verhalten als Raubfische, besonderes Interesse bei Fischzüchtern, Gewässerbewirtschaftern und Fischern hervorgerufen. Sie zählen zu den wirtschaftlich wertvollsten Fischarten und haben eine erhebliche fischereiliche Bedeutung.
Seit Anfang des 18. Jahrhunderts ist die Vermehrung in Fischteichen gebräuchlich. Zander und Barsche sind aber relativ neue, viel versprechende Fische für die intensive Aufzucht in der Aquakultur und es ist zu erwarten, dass sich Anpassung und Wachstum noch erheblich verbessern lassen.
Das Buch entstand aus der Idee, für die Arbeit und die Produktion von Barschen die wesentlichen Daten, Ergebnisse und Informationen zusammenzufassen und eine Anleitung für alle Interessierte zu erstellen. Um die Zusammenhänge für die Vermehrung und Aufzucht, aber auch den Fang und die Bewirtschaftung zu verstehen, ist die Biologie der einzelnen Arten von besonderer Bedeutung. Daher soll hier ein Überblick über alle Gattungen und Arten gegeben werden.
Die Ordnung der Perciformes (Barschfische) ist die größte Fischordnung weltweit und beinhaltet rund 10.000 Arten. Die Familie der Barsche (*Percidae*) ist nur im Süßwasser der Nordhalbkugel verbreitet. Da die sehr klein bleibenden Arten der Unterfamilie der Darter bzw. Springbarsche (*Etheostomatinae*) kaum eine wirtschaftliche Bedeutung haben, nur in Nordamerika vorkommen und den Umfang dieses Buches bei Weitem sprengen würden, bezieht sich das Buch hauptsächlich auf die restlichen Unterfamilien, deren Vertreter größer werden und daher auch fischereilich von Interesse sind. Der Aquakulturteil bezieht sich auf die wirtschaftlich interessanten und schnellwüchsigen Arten, wie Barsch und Zander, die meisten Angaben und Informationen gelten aber großteils auch für die anderen Barscharten. Um lesbar zu bleiben, beschränkt sich dieses Buch aber auf das Wesentliche. Falls nichts anderes angegeben wird, gelten die allgemeinen Richtwerte. Für weitergehende Informationen wird auf die Literaturangaben im Anhang verwiesen.
Ich wünsche Ihnen viel Spaß beim Lesen, sowie Freude und Erfolg bei der Beschäftigung mit Barschen.

Kitzbühel und Frankfurt, im Winter 2005

Martin Hochleithner

Körperbau

Das Skelett der Barsche ist von sehr kompakter Struktur (siehe Abb.). Der lang gestreckte Körper mit 31-49 Wirbelknochen ist meist seitlich etwas zusammengedrückt. Die Haut der Barsche ist gleich wie die anderer Knochenfische und besteht aus einer dünneren Oberhaut (Epidermis) und dickeren Unterhaut (Dermis). Der Körper ist wenn überhaupt, wie teilweise auch der Kopf, mit vielen tief in der Haut steckenden Kammschuppen (Ctenoidschuppen) bedeckt, die in 33-108 Reihen angeordnet sind. Die Kammschuppen tragen am äußeren, hinteren und sichtbaren Teil der Schuppen bis zu 70 Zähnchen (Cteni), wodurch sich die Haut oft rau anfühlt. Die Schuppen bestehen aus zwei Schichten, die mit dem Wachstum der Fische zunehmen und so für eine Altersbestimmung herangezogen werden können. Die Bildung der Jahresringe erfolgt dabei meist zur Laichzeit von Mai bis Juli.

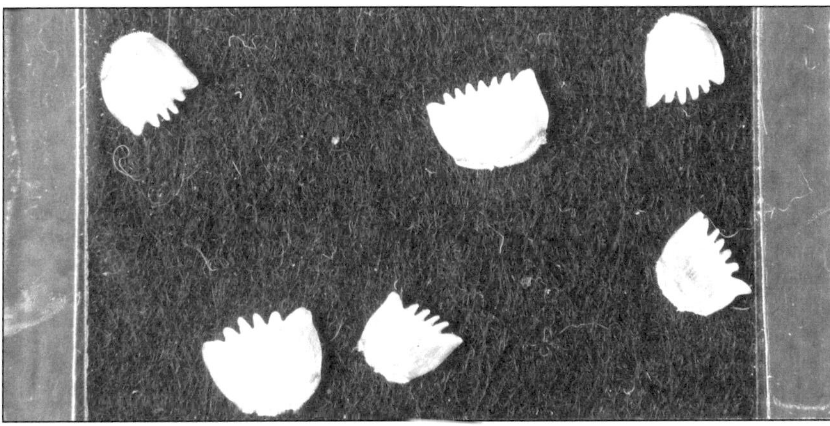

Kammschuppen eines Flussbarsches. (Foto: M. Hochleithner)

Die Rückenflosse aller Barsche ist zweigeteilt, wobei der erste, vordere Teil nur 6-20 Stachelstrahlen (Hartstrahlen) und der zweite, hintere Teil hauptsächlich 7-23 Gliederstrahlen (Weichstrahlen) besitzt. Die Afterflosse wird von 1-3 Stachelstrahlen, wobei der letzte meist schwach ausgebildet ist, sowie 4-15 Gliederstrahlen gestützt. Die brustständigen Bauchflossen haben 1 Stachel- und 5 Gliederstrahlen und die Brustflossen nur 11-17 Gliederstrahlen. Die Schwanzflosse ist homozerk und besitzt bis zu 18 Flossenstrahlen. Die Fettflosse fehlt allen Barschen.

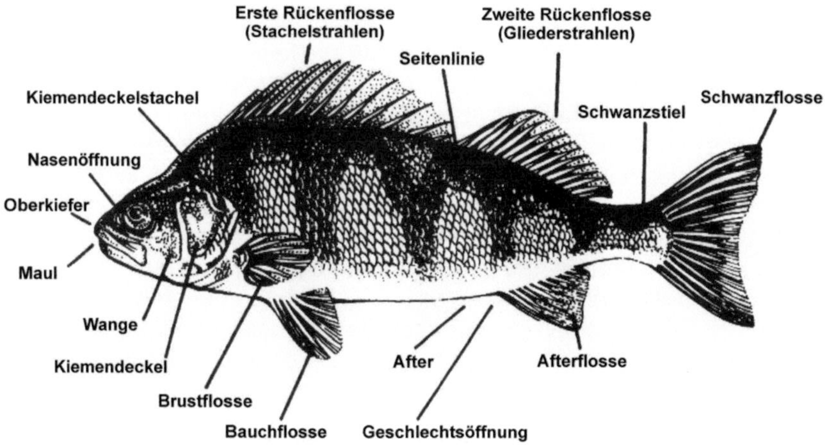

Anatomie des Barsches. (Nach: Craig et al., 2000)

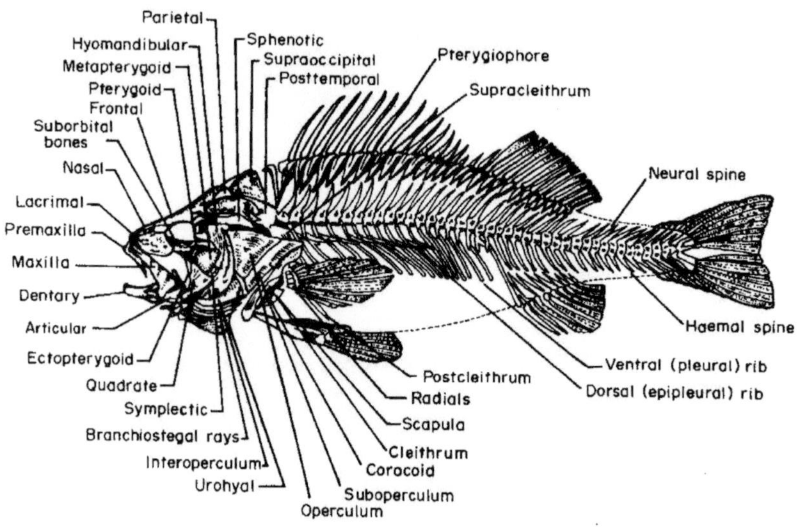

Skelett des Barsches. (Nach: Craig et al., 2000)

Zähne befinden sich an den Kiefern (Dentale und Praemaxillare), sowie meist am Pflugscharbein (Vomer), Gaumenbein (Palatinum) und an den Kiemenbögen. Der Kiemendeckel (Operculare) und teilweise der Kiemenvordeckel (Praeoperculare) trägt einen oder mehrere flache spitze Dornen. An der Unterseite des Kiemendeckels befinden sich auf jeder Seite 5-8 Branchiostegalstrahlen. Die Branchiostegalmembrane ist vom Isthmus separiert. Die Anzahl der Kiemenreusendornen kann bis zu 30 betragen.
Die Seitenlinie geht von zahlreichen Sensorgrübchen im Kopfbereich in einen geraden Kanal über, der an beiden Körperseiten bis zur Schwanzwurzel verläuft und nur bei den Luciopercinae bis auf die Schwanzflosse reicht (siehe Abb.).

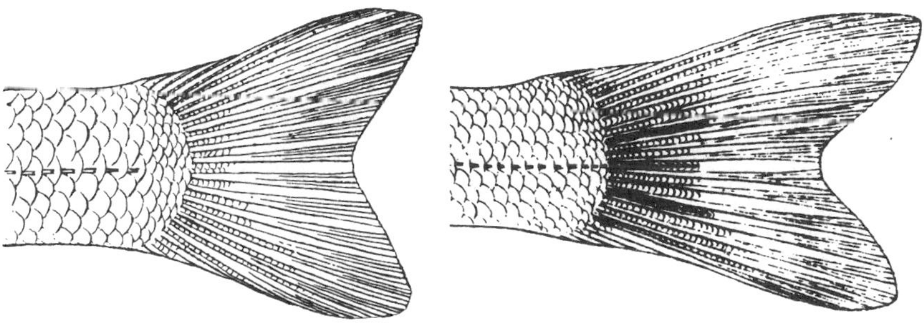

Seitenlinie am Schwanz bei *Perca sp.* (links) und *Sander sp.* (rechts). (Nach: Berg, 1949)

Die Augen einiger Arten (*Sander, Zingel, Gymnocephalus*) verfügen über eine spezielle lichtempfindliche Schicht (*Tapetum lucidum*) hinter der Netzhaut, die einen Teil des einfallenden Lichtes reflektiert (siehe Abb.), was besonders im trüben Wasser und in der Nacht von Vorteil ist. Vor den Augen befinden sich die Riechorgane mit quer gestellten Hautlappen, die die Riechgrube in eine vordere kleinere und größere hintere Öffnung teilen, durch die das Wasser ein- bzw. ausströmt.
Wie bei allen Fischen liegen zu beiden Seiten des Gehirns, im hinteren Teil der Schädelkapsel, die aus dem Labyrinth mit drei Bogengängen bestehenden inneren Ohren, die der Orientierung im Raum, zur Bewahrung des Gleichgewichts und der weiten Wahrnehmung von Schwingungen (im Bereich von 1-1.000 Hz) dienen.
Alle Barsche gehören zur Gruppe der Physoclisten. Die Schwimmblase, falls vorhanden, ist ohne Schwimmblasengang.

Der Verdauungstrakt der Barsche ist typisch für Raubfische. Der Schlund ist kurz und verbindet den Rachen mit dem Magen der hinten als blinder Sack endet. Am oberen Teil des Magens, bei den 3-9 Pylorusanhängen, schließt der Darm an, der vorne S-förmig gekrümmt ist und hinten gerade im After endet.

Die länglichen Nieren liegen paarig angeordnet im oberen Teil der Körperhöhle dicht unterhalb der Wirbelsäule und münden in die Harnblase. Die länglichen bis sackförmigen Gonaden liegen zwischen Schwimmblase und Verdauungstrakt.

Barsche haben weiße und rote Muskeln, welche mit schnellen und langsamen Bewegungen beim anaeroben und aeroben Stoffwechsel assoziiert werden.

Orbithosphenoid, Mesocoracoid sowie Zwischenmuskelgräten fehlen.

Die Anzahl der Chromosomen bei den Gattungen *Perca, Percarina, Sander* und *Zingel* beträgt: 2n = 48.

Der Rücken ist meist grün bis braun, die Seiten gelb bis grau und der Bauch silbrig bis weiß gefärbt. An der Oberseite befinden sich oft 3-15 dunkle Querbinden. Bei einigen Arten der Unterfamilie der Etheostomatinae sind die Männchen besonders farbenfroh und gelten als die farbenprächtigsten Süßwasserfische der nördlichen Hemisphäre. Selten (wie beim Amerikanischen Barsch in Nordamerika) kommen auch blaue oder orange Farbanomalien vor.

Leuchteffekt in den Augen durch *Tapetum lucidum* beim Walleye. (Foto: M. Hochleithner)

Lebensweise

Die Familie Percidae ist auf der nördlichen Halbkugel, nördlich des 25. Breitengrades in Nordamerika und nördlich des 35. Breitengrades in Eurasien, verbreitet. Sie besiedeln fließende und stehende Gewässer bis in eine Höhe von etwa 1.000 Meter über dem Meeresspiegel. Einige Arten sind gelegentlich auch im Salzwasser anzutreffen (bis 12 ‰). Als mesotherme Fische bevorzugen sie mittlere Wassertemperaturen, wobei die physiologische Optimaltemperatur bei 22-27 °C liegt. Umweltbedingungen, wie steigende Wassertemperaturen und Tageslängen, stimulieren die Hirnanhangdrüse zu erhöhter Produktion von Hormonen, welche wiederum Stoffwechsel, Aktivität, Wachstum und Vermehrung der Fische beeinflussen. Bei Barschen nehmen im allgemeinen Wachstums- und Mortalitätsraten, sowie Investition in die Fortpflanzung vom Süden zum Norden ab, während Alter und Größe bei Eintritt in die Geschlechtsreife, sowie die Lebensdauer, zunehmen.
Die Geschlechtsreife wird, je nach Verbreitungsgebiet, im Süden früher als im Norden, mit einem Alter von 2-9 Jahren erreicht. Die Männchen erreichen die Geschlechtsreife meist ein Jahr vor den Weibchen.
Der Energiebedarf für die Produktion der Keimzellen ist hoch und kann bei den Männchen bis zu 10 %, bei den Weibchen bis zu 90 % der jährlich gespeicherten Energie betragen. Im Herbst ist der Energiegehalt der Fische meist am größten. Der gonadosomale Zuwachs erfolgt bei den Männchen im Herbst und bei den Weibchen im Winter. Die Gonaden betragen bis zu 30 % des Körpergewichts bei den Weibchen (♀) und bis zu 10 % bei den Männchen (♂). Vor dem Laichen steigt der Testosterongehalt im Blut bei beiden Geschlechtern an.
Die Männchen (Milchner) erscheinen an den Laichplätzen meist vor den Weibchen (Rogner). Die Laichzeit ist im Frühjahr und erstreckt sich über eine Periode von 1-8 Wochen, meist bei einer Wassertemperatur von 5-15 °C. Die Anzahl und Größe der Eier nimmt mit der Größe und dem Alter der Weibchen zu, die Menge je Kilogramm Körpergewicht jedoch meist ab. Die etwa 1-2 mm großen Eier sind hellgelb bis weißlich transparent und werden an härteren Pflanzenteilen oder Steinen meist nahe des Ufers, bis in einer Tiefe von 6-12 m, meist auf einmal abgegeben. Die Spermien sind im Wasser nur kurz bewegungsfähig, etwa 1-2 Minuten. Die Entwicklungsdauer der Eier ist relativ kurz und beträgt, je nach Wassertemperatur, rund 2-40 Tage. Bei einer Wassertemperatur von über 5 °C werden rund 83-102 Tagesgrade benötigt, bis 10 % geschlüpft sind, etwa 90-104 Tagesgrade bis 50 % geschlüpft sind und 94-109 Tagesgrade bis 90 % geschlüpft sind.

Durchschnittlicher Beginn der Laichzeit
in Abhängigkeit von der geographischen Breite:
(Nach: Berg, 1949; Dörner et al., 2003)

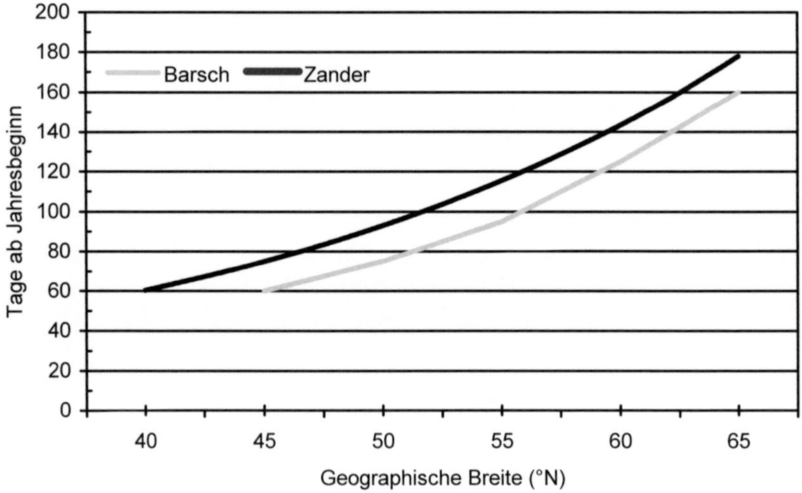

Absolute Fekundität des Zanders
in Abhängigkeit von der Körpermasse:
(Nach: Dörner et al., 2003)

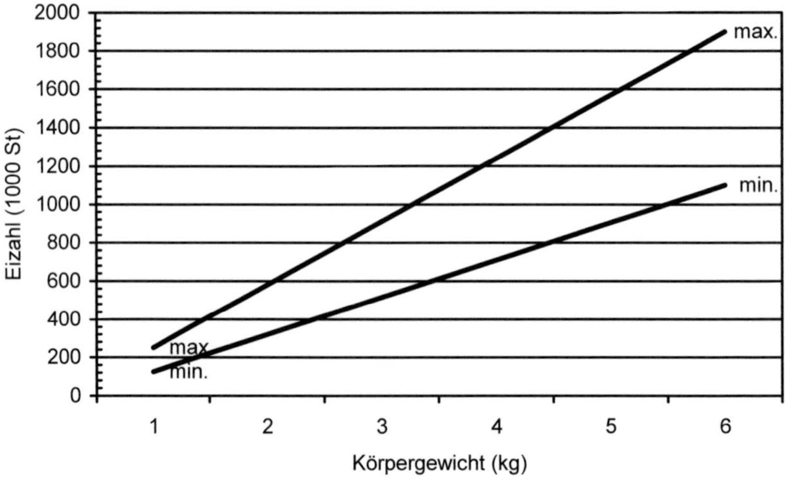

Laichband des Barsches. (Foto: M. Hochleithner)

Brütling des Zanders. (Foto: M. Bódis)

Niedrige pH-Werte (unter 4-5) und geringe Sauerstoffwerte (unter 3 mg/l) können die Erbrütungszeit verlängern, die Mortalität erhöhen und die Größe der geschlüpften Larven beeinträchtigen. Die Deformierungen und Mortalität der Larven sind bei kleineren Eiern generell höher als bei größeren. Die Eier einiger Arten (*Gymnocephalus, Zingel*) haben eine regelmäßige, wabenartige Struktur an der Oberfläche, andere (*Perca, Sander*) eine stark lichtbrechende Ölkugel im Dotter. Kurz vor dem Schlüpfen wird der abwärts gebogene Schwanz des Embryos gerade, und unmittelbar vor dem Ausschlüpfen biegt sich der Schwanz aufwärts.

Die frisch geschlüpften Larven sind etwa 4-8 mm lang und wenig pigmentiert. Die sich vorne im Dottersack befindliche Ölkugel verleiht ihnen (Barsch und Zander), so viel Auftrieb, dass sie in einer für dieses Stadium charakteristischen Art und Weise schwimmen können (noch vor dem Füllen der Schwimmblase). Dazu bewegen sich die Larven während der ersten 2-3 Tage für ca. 6 Sekunden in einem vertikalen Winkel von etwa 30 Grad aktiv zur Wasseroberfläche und gleiten für ca. 9 Sekunden in einem Winkel von etwa 80 Grad wieder passiv und Kopf voran hinunter. Sie ernähren sich vorerst aus dem Vorrat des Dottersacks. Während dieser Zeit bilden sich das Maul mit Kiefern und Zähnen, sowie die Augen, der Magen und die Blutgefäße im Darm und in den Kiemen stärker aus. Dann entwickelt sich die Schwimmblase, die Pigmentierung an Kopf und Körper verstärkt sich. Durch Luftschlucken an der Wasseroberfläche erfolgt das Füllen der Schwimmblase und es beginnt die aktive Nahrungsaufnahme. Anschließend bildet sich der Verbindungsgang zwischen Vorderdarm und Schwimmblase wieder zurück, über welchen die geschluckte Luft in die Schwimmblase gelangt ist. Der Druckausgleich erfolgt in der abgeschlossenen Schwimmblase über zwei fein verzweigte Systeme von Blutkapillaren in der Schwimmblasenwand (dem „Roten Körper“ für die Gasproduktion und dem „Oval“ für die Gasreduktion), über welche ein Gasaustausch mit dem Blut erfolgt. Mit einer Größe von 2-3 cm sind die Flossen voll entwickelt, und die Schuppen beginnen sich zu bilden; zuerst am Schwanzstiel und dann entlang der Seitenlinie. Bei einer Größe von 3-4 cm sind die Beschuppung und Färbung komplett ausgebildet.

Bis zu einer Größe von etwa 2-3 cm sind die Brütlinge positiv phototaktisch und halten sich nahe der Wasseroberfläche auf, wo sie oft mit der Strömung (durch Wind und Wellen) verdriftet werden. Ab einer Größe von 3-4 cm wandern die Jungfische nahe ans Ufer und halten sich meist in einer Tiefe von weniger als 3 m auf.

Jüngere und kleinere Barsche und Zander schließen sich dann meist zu Schwärmen und Gruppen der gleichen Art, der gleichen Altersklasse und des gleichen Geschlechts zusammen. Im Sommer halten sie sich dabei meist in weniger als 15 m Tiefe (oberhalb der Sprungschicht) und im Winter in 20-70 m Tiefe auf. Kleinere Fische bleiben dabei üblicherweise in einer geringeren Tiefe als größere Fische. Der Abstand zwischen den einzelnen Fischen beträgt dabei im Sommer oft unter 0,6 m und im Winter über 0,6 m. Im Sommer schwimmen die Fische schneller (10-20 cm/s) als im Winter (5-10 cm/s). Bei Barschen und Zandern nimmt die Schwimmgeschwindigkeit mit der Fischgröße, der Wassertemperatur und dem Sauerstoffgehalt zu. Sie beträgt bei einer Wassertemperatur von 5-25 °C rund 5-25 cm/s und nimmt bei einem Sauerstoffgehalt unter 7 mg/l leicht und unter 3 mg/l stark ab. Je größer die Fische werden, desto kleiner wird der Schwarm, größere Fische sind daher meist Einzelgänger. Bei Sonnenuntergang schwimmen die Barsche zum Schlafen und die Zander zum Fressen oft nahe ans Ufer. Zur Laichzeit wandern die geschlechtsreifen Fische oft jährlich zu den gleichen Laichgebieten und meist dorthin, wo sie selbst geschlüpft sind.
Die Nahrung besteht anfangs hauptsächlich aus Zooplankton, später auch aus anderen Krebsen, Insektenlarven und vor allem aus Fischen. Seltener werden auch Würmer und Weichtiere gefressen. Bei der Nahrungsaufnahme wird, wenn sich das Beutetier weniger als eine Kopflänge vor dem Maul befindet, dieses binnen 0,04-0,15 Sekunden weit aufgerissen und so ein Sog erzeugt, der bis zu 2 m/s erreicht und damit das Beutetier ins Maul saugt. Die Beutefische werden dabei meist von der Seite gepackt, gedreht und Kopf- bzw. vorzugsweise Schwanz voran im Ganzen geschluckt. Die tägliche Nahrungsaufnahme beträgt je nach Wassertemperatur, Nährtierdichte und Fischgröße, etwa 12-16 % bei Zooplankton und 1-4 % bei Fischnahrung. In den Wintermonaten wird oft nur 0,5 % und in den Sommermonaten bis zu 6,5 % täglich an Nahrung aufgenommen. Die aufgewendete Energie während der Nahrungssuche kann bis zu 40 % des gesamten Energiebudgets betragen. Die Verdauung dauert, abhängig von Wassertemperatur, Magenfüllung, Nahrungsqualität und Nährtieren etwa 6-48 Stunden.
Die Atemfrequenz beträgt bei einer Wassertemperatur von 5-20 °C etwa 25-50 Atembewegungen pro Minute und das Ventilationsvolumen rund 100-600 ml pro Kilogramm Körpergewicht und Minute.
Der Korpulenzfaktor (Gewicht [g] x 100 : Länge [cm]^3) beträgt bei Barschen je nach Art, Geschlecht, Reifezustand, Saison und Gewässer zwischen 0,5 und 1,7. Die Totallänge beträgt etwa 105 % der Gabel- bzw. 120 % der Standardlänge.

Durchschnittliche Maulbreite und Beutefischlänge
im Verhältnis zur Raubfischlänge:
(Nach: Dörner et al., 2003)

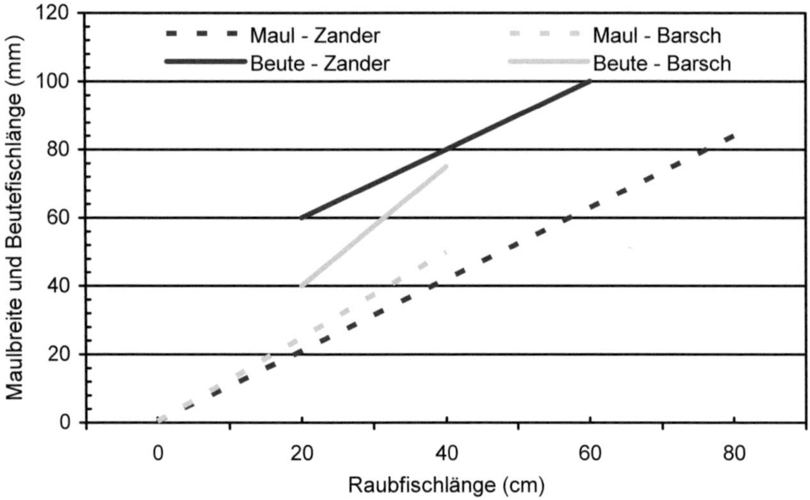

Nahrungszusammensetzung des Flussbarsches
in Abhängigkeit von Geschlecht und Größe:
(Nach: Wziatek, 2004)

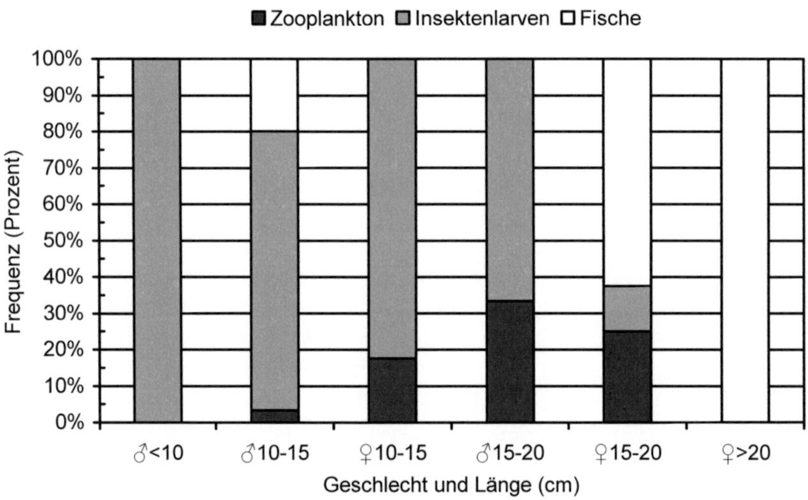

Längenwachstum einiger Barscharten
in natürlichen Gewässern:
(Nach: Berg, 1949; Craig, 2000; Scott et Crossman, 1973; Zaugg et al., 1999)

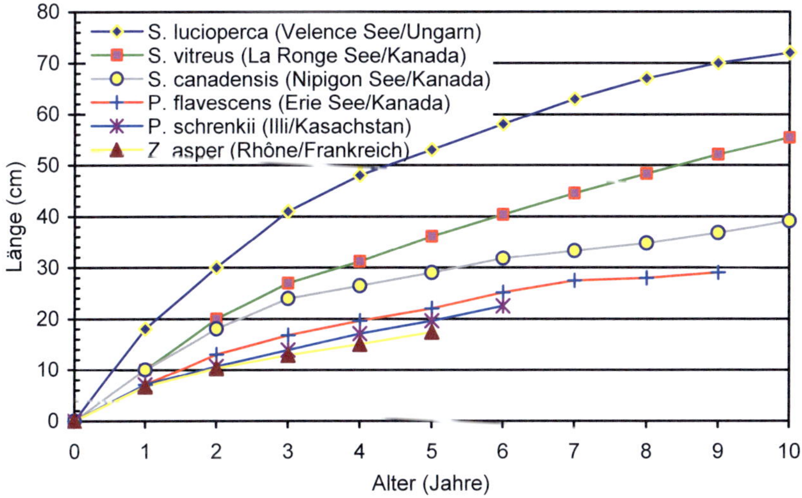

Gewichtswachstum einiger Barscharten
in natürlichen Gewässern:
(Nach: Berg, 1949; Craig, 2000; Nikol'skii, 1961; Scott et Crossman, 1973; Tölg, 1981)

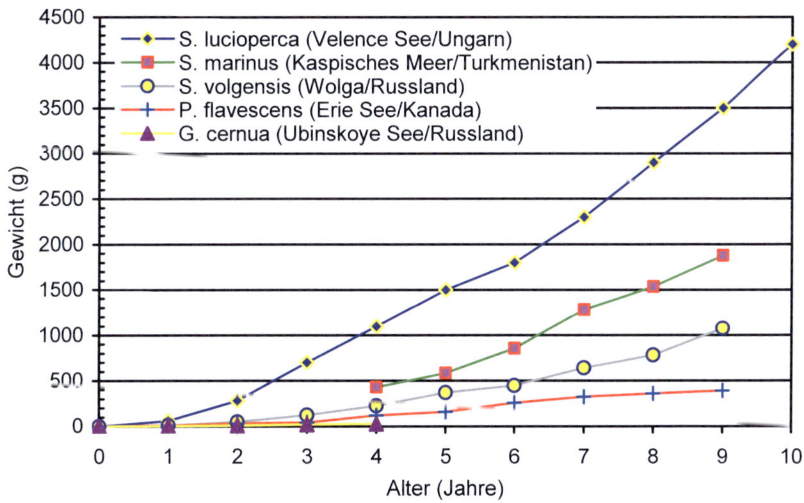

Längenwachstum des Gemeinen Zanders

in verschiedenen Gewässern:

(Nach: Bauch, + Svärdson et Molin, + Winkler, in Dörner et al., 2003)

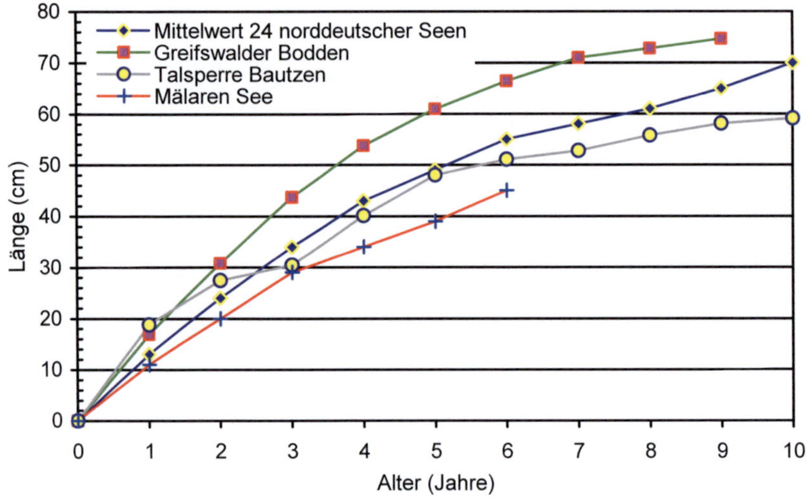

Längenwachstum des Flussbarsches

in verschiedenen Gewässern:

(Nach: Tesch, in Anwand, 1989; Bauch, in Barthelmes, 1988)

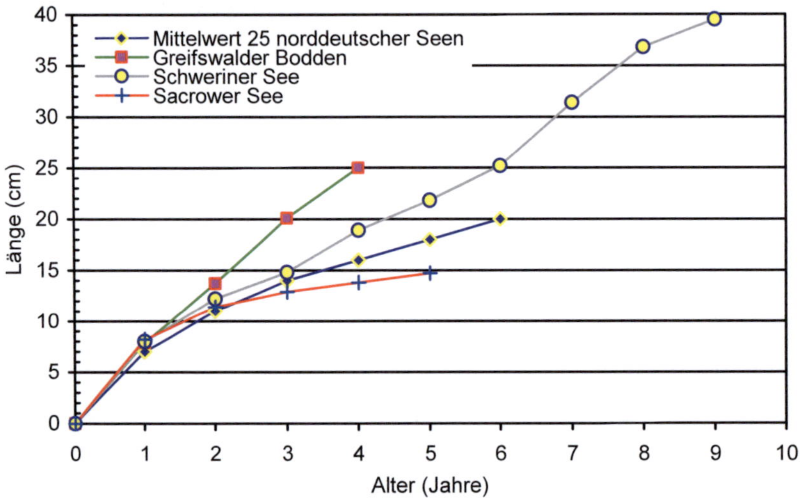

Gewichtswachstum des Flussbarsches
nach Geschlecht:
(Nach: Worthmann et Burmeister, 1989)

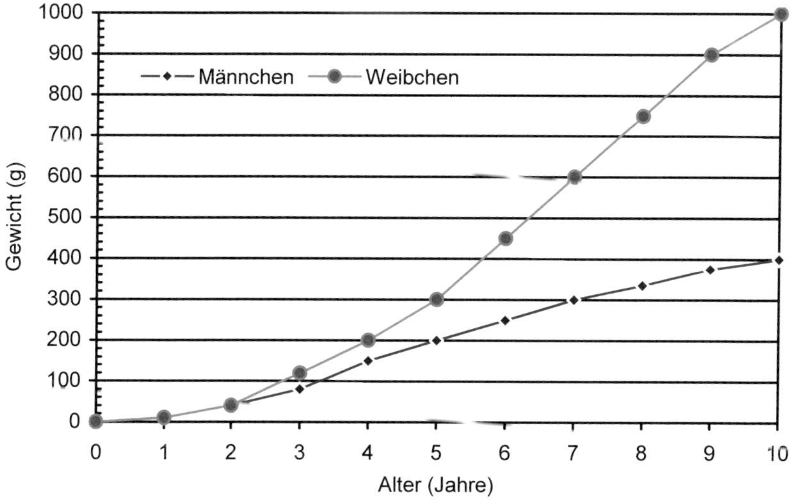

Durchschnittliche Längen – Gewichtsregression
bei Barsch und Zander:
(Nach: Dörner et al., 2003; Worthmann et Burmeister, 1989)

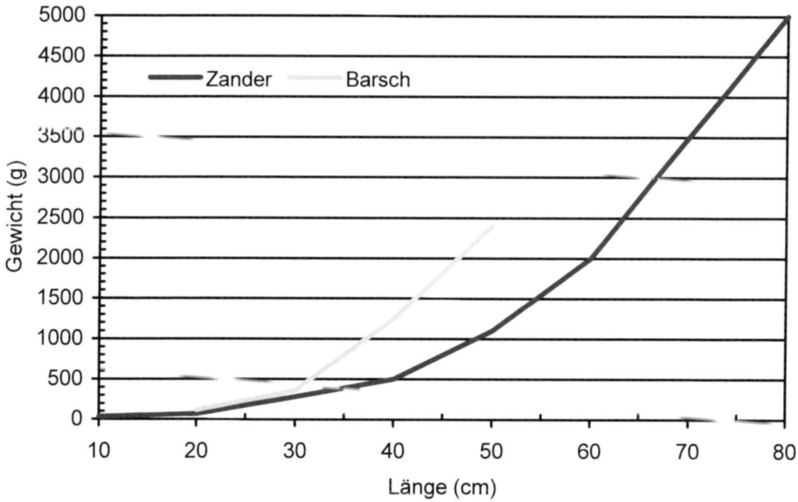

Die Wassertemperatur ist, neben dem Nahrungsangebot, einer der wichtigsten Faktoren für das Wachstum. Das Wachstum ist daher je nach Art, Geschlecht, Verbreitungsgebiet und Lebensweise sehr unterschiedlich (siehe Abb.), und kann auch in den einzelnen Gewässern und Jahren stark schwanken. Das Wachstum hängt aber in den meisten Fällen auch direkt oder indirekt von der Bestandsdichte (Jahrgangsstärke, Konkurrenz, Befischungsintensität) und nur teilweise von der Temperatur und Photoperiode ab. Bis zu einem Alter von etwa 3 Jahren nimmt das Längenwachstum stark zu, anschließend nur langsam, beim Gewichtswachstum ist dies meist genau umgekehrt. Bei vielen Arten wachsen die Weibchen nach Erreichen der Geschlechtsreife schneller und können eine höhere Endgröße erlangen als die Männchen. Bei den Etheostomatinae ist dies umgekehrt.
Die Kohortenstärke hängt sehr von den Umweltbedingungen, dem Nahrungsangebot und den Räubern bzw. vom Kannibalismus ab. Die Mortalität, die meist bei den kleineren Fischen und den Männchen höher ist, als bei den größeren und den Weibchen, wird wesentlich von Umweltbedingungen und Nahrungsangebot, sowie der Anzahl an Konkurrenten und Räubern beeinflusst. Sie beträgt von den Eiern bis zu zweijährigen Fischen etwa 99 %.
Die Eier der Gattung *Sander* werden meist von den Männchen bewacht und gegen andere Fische verteidigt. Die Eier der Gattung *Perca* werden meist nicht von anderen Fischen (Aalen, Welsen, Stichlingen, Barschen) gefressen, da sie offensichtlich wenig appetitliche Substanzen enthalten. Die Eier werden jedoch gelegentlich von Insektenlarven und Strudelwürmern ausgesaugt. Die Larven werden manchmal von Cyclopiden (*Acanthocyclops, Diacyclops*), die Brütlinge und Jungfische oft von anderen Fischen (*Alosa, Esox, Lota, Perca, Sander, Silurus*) gefressen. Ab einer Größe von etwa 2-3 cm können die Jungfische auch kannibalisch sein. Die größeren Fische werden gerne auch von Vögeln (*Phalacrocorax*) oder seltener von Säugern (*Pusa*) gefressen.
Wie viele Wirbeltiere werden auch die Barsche unterschiedlich stark von zahlreichen Parasiten befallen (siehe Anhang). Die Artzusammensetzung der Parasitenfauna hängt von abiotischen Faktoren, wie der Biotopbeschaffenheit, den klimatischen Einflüssen, der Jahreszeit, dem Nahrungsangebot, sowie biotischen Faktoren, wie dem Alter, der Größe, dem physiologischen Zustand und der Nahrungswahl des Wirtes ab. Oft ist das Parasit-Wirt-Verhältnis ausgeglichen und die Parasiten beeinträchtigen den Wirtsfisch nicht zu sehr. Bei schlechten Umweltbedingungen kann es jedoch bei einigen Arten auch zu Massenbefall und Schädigungen kommen.

Hybriden

Hybriden sind Nachkommen von Eltern zweier verschiedener Arten. Sie kommen auch natürlich vor und spielen für die genetische Vielfalt eine wichtige Rolle. Künstlich kann man sie erzeugen, indem man die Geschlechtszellen verschiedenartiger Lebewesen kombiniert. Je näher die Elternarten miteinander verwandt sind, desto eher gelingt die Hybridisierung. Unterscheiden sich die Eltern beispielsweise nur in den Merkmalsausprägungen eines oder mehrerer Gene entsteht meist ein lebensfähiger, fruchtbarer Hybride. Hybriden von Tieren unterschiedlicher Gattung sind dagegen oft unfruchtbar. Die Hybridbildung spielte auch in der stammesgeschichtlichen Entwicklung bei der Entstehung neuer Arten eine Rolle. Normalerweise sorgen Isolationsmechanismen, wie verschiedene Laichzeiten oder unterschiedliche Laichverhalten dafür, dass Kreuzungen zwischen verschiedenen Arten nicht vorkommen. Kommt es dennoch zu einer Kreuzung verschiedener Arten, so besteht die Möglichkeit, dass durch spontane Verdopplung des Chromosomensatzes (durch chemische oder physikalische Verfahren) ein fruchtbarer Hybride entsteht, der sich im Lauf der Evolution als neue Art durchsetzen kann.

Bei den Barschen kommen Hybriden aber eher selten vor und eine erfolgreiche Kreuzung ist meist nur innerhalb einer Gattung möglich. Die Gattung *Sander* lässt sich daher nicht mit der Gattung *Gymnocephalus* oder *Perca* kreuzen, die Befruchtungsrate beträgt meist nur 1-2 % und die Eier entwickeln sich nicht bzw. die überlebenden Larven sterben meist einige Tage nach dem Schlupf.

In Nordamerika treten allerdings natürlicherweise Hybriden sowohl innerhalb als auch zwischen den Gattungen (*Etheostoma* und *Percina*) der Springbarsche auf. Auch künstlich konnte der Gelbbarsch mit dem Walleye gekreuzt werden. Ebenfalls in Nordamerika sind natürliche Hybriden zwischen Walleye (Rogner) und Sauger (Milchner) bekannt, die Saugeye genannt werden. So beträgt der Anteil der Hybriden an der gesamten *Sander* Population im Yellowstone River etwa 10 %, in einigen anderen Gewässern aber auch von 1 bis 25 %. Diese fertilen Hybriden haben einen höheren Konditionsfaktor, sind weniger aggressiv, toleranter gegen Störungen und wachsen schneller als die beiden Ausgangsarten. Sie haben ein Temperaturoptimum von ca. 25 °C, wachsen besser als die Kreuzung Sauger (Rogner) x Walleye (Milchner) und werden daher auch unter künstlichen Bedingungen erzeugt. Mitte der 2000er Jahre wurden ca. 28 Mio. Saugeyes in den USA erzeugt und zahlreiche natürliche Gewässer damit besetzt.

Ebenfalls unter künstlichen Bedingungen erzeugt wurden Hybriden zwischen dem Europäischen (*Perca fluviatilis*) und Amerikanischen (*Perca flavescens*) Barsch, die um etwa 10-40 % besser wachsen.
In Asien treten in einigen Flüssen und Seen, in denen der Balchasch-Barsch (*Perca schrenkii*) eingebürgert wurde, natürliche Hybriden mit dem dort heimischen Eurasischen Barsch (*Perca fluviatilis*) auf.
In Europa treten im Plattensee gelegentlich natürliche Hybriden zwischen dem Gemeinen Zander (*Sander lucioperca*) und dem Wolga-zander (*Sander volgensis*) auf. Mitte der 2000er Jahre wurden diese fertile Hybriden in Ungarn erstmals auch unter künstlichen Bedingungen erzeugt. Das Wachstum dieser Hybriden ist aber um 20-30 % schlechter als beim Gemeinen Zander und sie sind auch stressanfälliger.

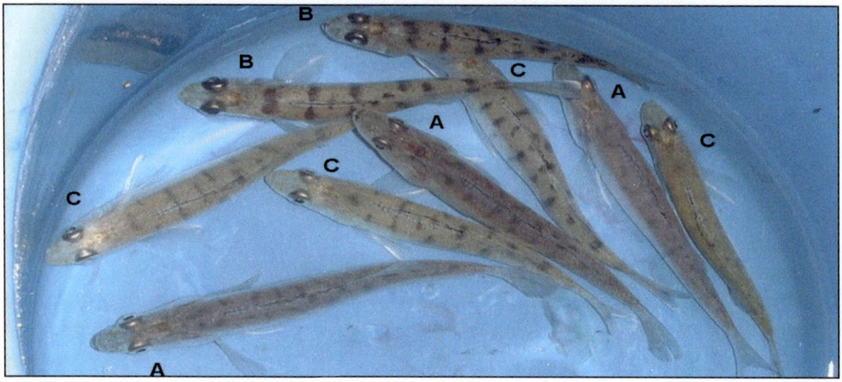

A = *S. lucioperca*, B = *S. volgensis*, C = *S. lucioperca x S. volgensis*. (Foto: T. Müller)

Saugeye (*Sander vitreus x Sander canadensis*). (Foto: C.T. Gierke)

Evolution

In der geologischen Zeitrechnung sind Fische bereits in der Ära des Paläozoikum bekannt. In der Periode des Kambriums (vor 570-510 Millionen Jahren) gab es noch keine Fische. Im Ordovizium (vor 510-435 Millionen Jahren) entwickelten sich die ersten primitiven Fische mit knöchernen Panzerplatten. Im Silur (vor 435-405 Millionen Jahren) traten die ersten Fische mit Kiefern (Gnathostomata) auf, die möglicherweise bereits das Süßwasser besiedelten. Im Devon (vor 405-355 Millionen Jahren) hatten die Fische bereits Kiefer, Flossen und Schuppen. Im Karbon (vor 355-290 Millionen Jahren) waren bereits Knochen- und Knorpelfische weit verbreitet. Im Perm (vor 290-250 Millionen Jahren) trat ein massenhaftes Aussterben von Tierarten auf, das schätzungsweise 75-90 % aller Tierarten erfasste.
In der Ära des Mesozoikum mit Trias (vor 250-205 Millionen Jahren), Jura (vor 205-140 Millionen Jahren) und Kreide (vor 140-65 Millionen Jahren) dominierten unter den Fischen auch noch heute lebende Arten der Unterklasse der Strahlenflosser (*Actinopterygii*). Darüber hinaus gab es Quastenflosser und Lungenfische.
Barschartige sind erst in der Ära des Känozoikum mit der Periode des Tertiär, aus der Epoche des Paläozäns (vor 65-53 Millionen Jahren) für Europa und der Epoche des Eozäns (vor 53-37 Millionen Jahren) für Nordamerika bekannt. Die Echten Barsche (*Percidae*) sind seit der Epoche des Oligozäns (vor 37-23 Millionen Jahren) bekannt und stammen vermutlich von nahen Verwandten der Sägebarsche (*Serranidae*) ab. Sie entwickelten sich wahrscheinlich in Europa (Donausystem) und besiedelten während der Epoche des Miozäns (vor 23-5 Millionen Jahren) Sibirien und auch Nordamerika, entweder über die Bering Landbrücke oder über die Nordatlantische Landbrücke, wo sich dann die Unterfamilie der *Etheostomatinae* besonders spezialisierte. Aus der Epoche des Pliozäns (vor 5,0-1,6 Millionen Jahren) sind fossile Zander (*Sander sp.*) von der Ellesmere Insel in Kanada, sowie fossile Barsche (*Perca sp.*) in Belgien und Österreich, sowie aus dem Quartär, aus der Epoche des Pleistozäns (vor 1.600.000-10.000 Jahren) in Russland, Deutschland und Oklahoma gefunden worden.

Systematik

Als Wirbeltiere (*Vertebrata*) gehören die Barsche zur Klasse der Knochenfische (*Osteichthyes*) und der Unterklasse Strahlenflosser (*Actinopterygii*), mit der Subdivision Echte Knochenfische (*Teleostei*).
Die Superordnung *Acanthopterygii* beinhaltet die Überordnung *Mugilomorpha* und *Atherinomorpha,* sowie die *Percomorpha*.
Die Überordnung *Percomorpha* (Barschähnliche) umfasst die Ordnung der *Beryciformes, Gasterosteiformes, Macruriformes, Percopsiformes, Scorpaeniformes,* sowie die *Perciformes*.
Die Ordnung der *Perciformes* Bleeker, 1859 (Barschfische) ist eine vorläufige Gruppierung und die größte Fischordnung weltweit. Sie beinhaltet über 1/3 aller Fischarten (rund 10.000 Arten) in folgenden Unterordnungen:
Acanthuroidei, Anabantoidei, Blennioidei, Callionymoidei, Gobioidei, Icosteoidei, Kurtoidei, Labroidei, Luciocephalaloidei, Mastacembeloidei, Mugiloidei, Notothenioidei, Polynemoidei, Schindleroidei, Scombroidei, Sphyrenoidei, Stromateoidei, Trachinoidei, sowie die *Percoidei.*
Die Unterordnung der *Percoidei* (Barschartige) beinhaltet 80 Familien, deren Verwandtschaft untereinander wenig erforscht bzw. geklärt ist:
Acropomatidae, Ambassidae, Aplodactylidae, Apogonidae, Arripidae, Banjosidae, Bathyclupeidae, Bramidae, Caesionidae, Callanthiidae, Carangidae, Caritsiidae, Centracanthidae, Centrarchidae, Centropomidae, Centrogeniidae, Cepolidae, Chaetodontidae, Cheilodactylidae, Chironemidae, Cirrhitidae, Coryphaenidae, Dichistiidae, Dinolestidae, Dinopercidae, Drepanidae, Echeneididae, Elassomitidae, Emmelichthyidae, Enoplasidae, Epigonidae, Gerreidae, Glaucosomatidae, Grammidae, Haemulidae, Inermiidae, Kuhliidae, Kyphosidae, Lactariidae, Latidae, Latrididae, Leiognathidae, Leptobramidae, Lethrinidae, Lobotidae, Lutjanidae, Malacanthidae, Menidae, Monodactylidae, Moronidae, Mullidae, Nandidae, Nematistiidae, Nemipteridae, Notograptidae, Opistognathidae, Oplegnathidae, Ostracoberycidae, Percichthyidae, Peciliidae, Pempheridae, Pentacerotidae, Plesiopidae, Polycentridae, Polynemidae, Polyprionidae, Pomacanthidae, Pomatomidae, Priacanthidae, Pseudochromidae, Rachycentridae, Sciaenidae, Scombropidae, Serranidae, Sillaginidae, Sparidae, Symphysanodontodae, Teraponidae, Toxotidae, sowie die *Percidae.*

Die Familie der *Percidae* Rafinesque, 1810 (Barsche) wird in folgende drei Unterfamilien eingeteilt:

I. *Percinae* Rafinesque, 1810 (Echte Barsche).
Vertreten mit 10 Arten in 3 Gattungen:
1.) *Gymnocephalus* Bloch, 1793 (Kaulbarsche), 5 Arten.
2.) *Perca* Linnaeus, 1758 (Flussbarsche), 3 Arten.
3.) *Percarina* Nordmann, 1840 (Zwergbarsche), 2 Arten.

II. *Luciopercinae* Jordan et Evermann, 1896 (Hechtbarsche).
Vertreten mit 9 Arten in 3 Gattungen:
1.) *Romanichthys* Dumitrescu et al., 1957 (Groppenbarsche), 1 Art.
2.) *Sander* Oken, 1817 (Zander), 5 Arten.
3.) *Zingel* Cloquet, 1817 (Spindelbarsche), 3 Arten.

III. *Etheostomatinae* Agassiz, 1850 (Springbarsche).
Vertreten mit ca. 210 Arten in 3 Gattungen:
1.) *Ammocrypta* Jordan, 1877 (Sanddarter), 8 Arten.
2.) *Etheostoma* Rafinesque, 1819 (Darter), 156 Arten.
3.) *Percina* Haldeman, 1842 (Grundbarsche), 46 Arten.

Bestimmungsschlüssel*
für die Familie
Percidae

A Maul klein,
untere Ränder des Praeoperculare weich,
meist 7 oder weniger Branchiostegalstrahlen,
Schwanzflosse gerundet oder leicht gegabelt: ...... ***Etheostomatinae***

Maul groß,
untere Ränder des Praeoperculare hart,
meist 7 oder mehr Branchiostegalstrahlen,
Schwanzflosse deutlich gegabelt: .... B

B Körper hochrückig und im Querschnitt fast oval,
Kopf abgerundet,
Stachelstrahlen der Afterflosse stark und gut entwickelt,
erster Basalknochen der Afterflosse stark vergrößert,
Seitenlinie reicht nicht bis zum Ansatz der Schwanzflosse: ***Percinae***

C Körper langgestreckt und im Querschnitt fast rund,
Kopf zugespitzt,
Stachelstrahlen der Afterflosse schwach und schlecht entwickelt,
erster Basalknochen der Afterflosse nicht vergrößert,
Seitenlinie reicht bis zum Ansatz der Schwanzflosse: ***Luciopercinae***

* Erstellt und überarbeitet unter anderem nach: Berg, 1949; Cihar, 1993; Craig, 2000; Etnier et Starnes, 1993; Heckel et Kner, 1858; Holčík et Hensel, 1974; Ladiges et Vogt, 1979; Mari et al., 2001; Nikol'skii, 1961; Scott et Crossman, 1973;

Bestimmungsschlüssel für die Unterfamilie *Etheostomatinae*

1 Afterflosse meist kleiner als zweite Rückenflosse,
Bereich zwischen Bauchflossen und entlang des Bauches nackt oder mit einigen normalen Schuppen besetzt,
Rückenflossen weniger als 5 Schuppenreihen getrennt,
Infraorbitalkanal mit 9 oder weniger Poren,
Schwimmblase nicht vorhanden: .... ***Etheostoma***

Afterflosse meist größer als zweite Rückenflosse,
Bereich zwischen Bauchflossen und entlang des Bauches nackt oder mit wenigen vergrößerten Schuppen besetzt: 2

2 Körperlange unter 7-mal die Körperhöhe,
Körper meist komplett beschuppt,
Rückenflossen weniger als 5 Schuppenreihen getrennt,
Afterflosse mit 2 Stachelstrahlen,
Infraorbitalkanal mit 9 oder weniger Poren,
Schwimmblase gelegentlich vorhanden: .... ***Percina***

Körperlänge über 7-mal die Körperhöhe,
Körper meist nur entlang der Seitenlinie beschuppt,
Rückenflossen mehr als 5 Schuppenreihen getrennt,
Afterflosse mit 1 Stachelstrahl,
Infraorbitalkanal meist mit 9 oder mehr Poren,
Schwimmblase nicht vorhanden: .... ***Ammocrypta***

Bestimmungsschlüssel
für die Unterfamilie
Percinae

1 Rückenflossen weit von einander getrennt,
Sensororgan und Schleimdrüsen am Kopf schlecht entwickelt,
Wangen und Kiemendeckel meist beschuppt,
Maxillare reicht meist über den Vorderrand des Auges,
mehr als 40 Schuppen entlang der Seitenlinie: 2

Rückenflossen nicht oder nicht weit von einander getrennt,
Sensororgan und Schleimdrüsen am Kopf gut entwickelt,
Wangen und Kiemendeckel meist nicht beschuppt: 4

2 Körper langgestreckt,
Rückenflosse beginnt über oder hinter der Basis der Brustflossen,
Brustflossen meist länger als die Bauchflossen,
Erster Stachelstrahl der Rückenflosse weniger als halb so lange wie der längste und viel kürzer als der erste Stachelstrahl der Afterflosse,
erste Rückenflosse nicht höher als zweite: .... ***Perca schrenkii***

Körper hochrückig,
Rückenflosse beginnt über oder vor der Basis der Brustflossen,
Bauchflossen meist länger als die Brustflossen,
erste Rückenflosse meist höher als zweite: 3

3 Erster Stachelstrahl der Rückenflosse mehr als halb so lange wie der längste und länger als der erste Stachelstrahl der Afterflosse,
Ansatz der Rückenflosse meist vor der Basis der Brustflossen,
Praedorsalknochen befindet sich vor dem ersten Wirbelfortsatz,
Kiemenreusendornen betragen über 40 % der Kiemenlamellen,
Seiten überwiegend grün-grau gefärbt: .... ***Perca fluviatilis***

Erster Stachelstrahl der Rückenflosse weniger als halb so lange wie der längste und kürzer als der erste Stachelstrahl der Afterflosse,
Ansatz der Rückenflosse meist nach der Basis der Brustflossen,
Praedorsalknochen befindet sich nach dem ersten Wirbelfortsatz,
Kiemenreusendornen betragen unter 40 % der Kiemenlamellen,
Seiten überwiegend gelb-braun gefärbt: .... ***Perca flavescens***

4 Rückenflossen nicht zusammenhängend,
Maxillare am Hinterende nicht vom Praeorbital bedeckt,
und über den Vorderrand der Augen reichend,
Afterflosse mit 7 oder mehr Weichstrahlen,
mehr als 18 Kiemenreusendornen,
weniger als 40 Schuppen entlang der Seitenlinie,
Epioccipitalfortsatz fehlt: 5

Rückenflossen zusammenhängend,
Maxillare am Hinterende vom Praeorbital bedeckt,
und nicht über den Vorderrand der Augen reichend,
Afterflosse mit 7 oder weniger Weichstrahlen,
weniger als 18 Kiemenreusendornen,
Epioccipitalfortsatz vorhanden: 6

5 Praeorbitaldistanz gleich oder kleiner als der Augendurchmesser,
Augendurchmesser mehr als 27 % der Kopflänge,
erster Stachelstrahl der Rückenflosse unter 65 % des zweiten,
Wangen und Brustbereich nicht beschuppt: .... ***Percarina demidoffii***

Praeorbitaldistanz gleich oder größer als der Augendurchmesser,
Augendurchmesser weniger als 27 % der Kopflänge,
erster Stachelstrahl der Rückenflosse über 65 % des zweiten,
Wangen und Brustbereich beschuppt: .... ***Percarina maeotica***

6 Praeorbitaldistanz weniger als 150 % des Augendurchmessers,
Schnauze meist unter 40 % der Kopflänge,
Kopf- und Körperhöhe meist über 20-22 % der Standardlänge,
weniger als 45 Schuppen entlang der Seitenlinie: 7

Praeorbitaldistanz mehr als 150 % des Augendurchmessers,
Schnauze meist über 40 % der Kopflänge,
Kopf- und Körperhöhe meist unter 20-22 % der Standardlänge,
mehr als 45 Schuppen entlang der Seitenlinie: 9

7 Kiemendeckel (Operculum) mit einem Dorn,
Kopfhöhe meist unter 24 % der Standardlänge,
hinteres Ende der Rückenflosse im Winkel >110° zum Schwanzstiel,
Schwanzstiel meist länger als die Kopf- und Körperbreite,
Augendurchmesser meist unter 10 % der Standardlänge,
erster Stachelstrahl der Afterflosse meist länger als zweiter,
und kaum gebogen: .... ***Gymnocephalus cernua***

Kiemendeckel (Operculum) mit zwei Dornen,
Kopfhöhe meist über 24 % der Standardlänge,
hinteres Ende der Rückenflosse im Winkel <110° zum Schwanzstiel,
erster Stachelstrahl der Afterflosse meist kürzer als zweiter,
und deutlich gebogen: 8

8 Schwanzstiel meist länger als die Kopf- und Körperbreite,
Augendurchmesser über 10 % der Standardlänge und
größer als die Schnauzenlänge: .... ***Gymnocephalus ambriaelacus***

Schwanzstiel meist kürzer als die Kopf- und Körperbreite,
Augendurchmesser unter 10 % der Standardlänge und
kleiner als die Schnauzenlänge: .... ***Gymnocephalus baloni***

9 Körperbreite unter 16 % der Standardlänge,
Schwanzstiel unter 20,5 % der Standardlänge,
Abstand zwischen After u. Afterflosse über 6,5 % der Standardlänge,
Seiten mit zahlreichen dunklen Flecken: .. ***Gymnocephalus acerina***

Körperbreite über 16 % der Standardlänge,
Schwanzstiel über 20,5 % der Standardlänge,
Abstand zwischen After u. Afterflosse unter 6,5 % der Standardlänge,
Seiten mit 3-4 dunklen Längsstreifen: . ***Gymnocephalus schraetser***

Bestimmungsschlüssel
für die Unterfamilie
Luciopercinae

1 Körper langgestreckt, Kopf schmal und hoch,
Schwanzstiel hoch und kurz,
Zähne groß, an den Kiefern in breiten Bändern,
Maxillare am Hinterende nicht vom Praeorbital bedeckt,
und bis über den Vorderrand der Augen reichend,
Praeopercularer Sensorkanal mit Hauptseitenlinie verbunden,
Abstand zwischen Bauchflossen gleich oder kleiner
als Basis einer Bauchflosse, Brustbereich beschuppt,
ein Praedorsalknochen vorhanden,
Basisphenoid vorhanden: 2

Körper spindelförmig, Kopf breit und flach,
Schwanzstiel niedrig und lang,
Zähne klein, an den Kiefern in schmalen Bändern,
Maxillare am Hinterende vom Praeorbital bedeckt,
und nicht bis über den Vorderrand der Augen reichend,
Praeopercularer Sensorkanal nicht mit Hauptseitenlinie verbunden,
Abstand zwischen Bauchflossen gleich oder größer
als Basis einer Bauchflosse, Brustbereich nicht beschuppt,
kein Praedorsalknochen vorhanden,
Basisphenoid fehlt: 6

2 Fangzähne fehlen oder sehr klein (alle Zähne gleich lang),
Wangen und Kiemendeckel komplett beschuppt,
4 oder mehr Dornen am Kiemendeckel,
Augenabstand gleich oder kleiner als der Augendurchmesser,
2. und 3. Stachelstrahl der ersten Rückenflosse etwa gleich lang,
Basis der Afterflosse unter 11,45 % und
Höhe des Schwanzstiels über 26,25 % der Standardlänge,
19 oder mehr Gliederstrahlen in der zweiten Rückenflosse,
7 oder weniger dunkle Querbinden: .... ***Sander volgensis***

Fangzähne vorhanden und groß (einige Zähne viel länger),
Wangen und Kiemendeckel nicht oder nur teilweise beschuppt,
3 oder weniger Dornen am Kiemendeckel: 3

3 Augenabstand viel größer als der Augendurchmesser,
Erste Rückenflosse ohne dunkle Flecken,
Zweite Rückenflosse mit 18 oder weniger Gliederstrahlen,
8 oder mehr dunkle Querbinden an der Oberseite,
Stachelstrahlen der Afterflosse schwach und
nahe den Gliederstrahlen stehend: .... ***Sander marinus***

Augenabstand gleich oder kleiner als der Augendurchmesser,
Erste Rückenflosse mit dunkle Flecken: 4

4 8 oder mehr dunkle Querbinden an den Körperseiten,
Basis der Afterflosse über 11,45 % und
Höhe des Schwanzstiels unter 26,25 % der Standardlänge,
Zweite Rückenflosse mit 19 oder mehr Gliederstrahlen,
2. Stachelstrahl der ersten Rückenflosse kürzer als 3. Stachelstrahl,
Stachelstrahlen der Afterflosse stark und
nicht nahe den Gliederstrahlen stehend: .... ***Sander lucioperca***

Stachelstrahlen der Afterflosse schwach und
nahe den Gliederstrahlen stehend: 5

5 5 oder mehr dunkle Querbänder, die weniger als 1/3
an den Körperseiten hinunter reichen,
Erste Rückenflosse mit schwarzen Fleck am hinteren Ende und
Schwanzflosse mit weißer Spitze am unteren Lappen,
3-4 oder weniger Pylorusanhänge, die länger als der Magen sind,
längste Kiemenreusendornen länger als Durchmesser der Pupille,
Basis der Bauchflossen mehr als 57 % des Abstandes zwischen
den Bauchflossen, Wangen unbeschuppt: ....***Sander vitreus***

4 oder weniger dunkle Querbänder, die mehr als 1/3
an den Körperseiten hinunter reichen,
Erste Rückenflosse ohne schwarzen Fleck am hinteren Ende und
Schwanzflosse ohne weißen Rand am unteren Lappen,
3-4 oder mehr Pylorusanhänge, die kürzer als der Magen sind,
längste Kiemenreusendornen kürzer als Durchmesser der Pupille,
Basis der Bauchflossen weniger als 57 % des Abstandes zwischen
den Bauchflossen, Wangen beschuppt: .... ***Sander canadensis***

6 Augenabstand kleiner als der Augendurchmesser, Afterflosse mit 7-8 oder weniger Gliederstrahlen, 41 oder weniger Wirbelknochen, Schwimmblase nicht vorhanden: .... ***Romanichthys valsanicola***

Augenabstand größer als der Augendurchmesser, Afterflosse mit 7-8 oder mehr Gliederstrahlen, 42 oder mehr Wirbelknochen, Schwimmblase vorhanden: 7

7 Schwanzstiel länger als die Basis der zweiten Rückenflosse, Rückenflossen durch 6 oder mehr Schuppenreihen von einander getrennt, 6 oder weniger Schuppenreihen über der Seitenlinie, 19 oder weniger Schuppenreihen unter der Seitenlinie, Zweite Rückenflosse mit weniger als 15 Gliederstrahlen, weniger als 12 Kiemenreusendornen: .... ***Zingel streber***

Schwanzstiel kürzer als die Basis der zweiten Rückenflosse, Rückenflossen durch 5 oder weniger Schuppenreihen von einander getrennt, 7 oder mehr Schuppenreihen über der Seitenlinie: 8

8 Zweite Rückenflosse mit mehr als 15 Gliederstrahlen, mehr als 12 Kiemenreusendornen, 19 oder weniger Schuppenreihen unter der Seitenlinie: ***Zingel zingel***

Zweite Rückenflosse mit weniger als 15 Gliederstrahlen, weniger als 12 Kiemenreusendornen, 20 oder mehr Schuppenreihen unter der Seitenlinie: .... ***Zingel asper***

Überblick

Meristische Merkmale

ART	DF1	DF2	A F	S L	S R	K R	W I
Gymnocephalus acerina	11-20	11-16	5-7	48-59	5-21	9-13	35-42
Gymnocephalus ambriaelacus	14-16	10-12	5-6	35-40			
Gymnocephalus baloni	14-16	10-13	4-7	33-42	5-14	9-14	32-35
Gymnocephalus cernua	11-16	10-15	4-6	34-40	6-12	8-13	32-38
Gymnocephalus schraetser	17-19	11-14	5-7	50-70	7-14	10-12	38-40
Perca flavescens	11-15	12-15	6-8	51-65	7-20	16-24	38-41
Perca fluviatilis	12-18	11-17	7-11	51-80	7-21	15-29	37-44
Perca schrenkii	12-13	12-13	7-9	41-54	5-15	20-24	36-40
Percarina demidoffii	9-11	10-13	8-11	33-37	4-15	22-28	32-34
Percarina maeotica	8-10	10-12	7-11	33-37	4-21	22-28	32-34
Romanichthys valsanicola	8-9	12-16	5-8	58-68	7-9		36-41
Sander canadensis	10-15	16-22	10-14	75-100		9-21	43-45
Sander lucioperca	11-17	16-27	9-14	75-105	12-24	10-17	40-48
Sander marinus	12-14	12-18	9-12	75-88	9-20	12-31	38-44
Sander vitreus	11-16	13-23	10-14	77-108		10-23	44-48
Sander volgensis	10-16	20-22	9-10	66-83	10-18	15-20	42-44
Zingel asper	8-12	10-14	8-12	55-74	7-21	9-11	42-45
Zingel streber	7-10	10-13	7-13	70-87	4-19	9-10	43-47
Zingel zingel	12-15	16-20	11-13	55-95	7-19	13-15	44-49
Ammocrypta spp.	8-17	9-16	7-15	57-98	5-15	8-16	38-58
Etheostoma spp.	6-14	7-17	4-12	24-86	3-12	0-18	31-44
Percina spp.	8-17	10-18	5-14	43-104	6-14	10-18	37-47

Abkürzungen:
DF1 = Stachelstrahlen der ersten Rückenflosse, DF2 = Weichstrahlen der zweiten Rückenflosse, AF = Weichstrahlen der Afterflosse, SL = Schuppen entlang der Seitenlinie, SR = Schuppenreihen über u. unter der Seitenlinie, KR = Kiemenreusendornen am ersten Kiemenbogen, WI = Wirbelknochen;

ARTEN

Gymnocephalus acerina Güldenstädt, 1774. **Don-Kaulbarsch**

Don-Kaulbarsch (Foto: A.M. Naseka)

Beschreibung:

Rückenflosse mit 11-20 Stachel- und 11-16 Gliederstrahlen, Afterflosse mit 2 Stachel- und 5-7 Gliederstrahlen, 48-59 Schuppen entlang der Seitenlinie, 9-11 Kiemenreusendornen, 35-42 Wirbel.

Der Körper ist langgestreckt und seitlich zusammengedrückt. Die größte Körperhöhe, welche über den Bauchflossen erreicht wird, beträgt 20,1-21,5 % und die größte Kopfhöhe 17,2-18,2 % der Standardlänge. Am Kiemenvordeckel befinden sich 6-7 Dornen am hinteren und 3 Dornen am unteren Ende.

Bei den Männchen sind die Brustflossen oft etwas länger als bei den Weibchen.

Die Oberseite ist grüngrau bis braungrau und die Unterseite silbrig bis weiß gefärbt. Die Körperoberseite, sowie die Rückenflosse sind mit zahlreichen, meist in jeweils 3 länglichen Reihen angeordneten, deutlichen schwarzen Flecken besetzt.

Verbreitung:
Der Don-Kaulbarsch kommt in Osteuropa in Flüssen des nördlichen Schwarzen- (Dnjestr, Dnjepr, Bug) und des Asowschen Meeres (Don mit Donez sowie Kuban) vor (44-53° Nördlicher Breite).
Er hält sich meist in den schnell fließenden Gewässerabschnitten auf und bevorzugt harten Sandboden.

Lebensweise:
Die Geschlechtsreife wird mit einem Alter von 2-3 Jahren bei einer Größe von 12-16 cm erreicht.
Die Laichzeit erstreckt sich von März bis Mai bei Wassertemperaturen von 6-14 °C.
Die leicht klebrigen Eier werden vom Weibchen in mehreren (meist 2) Intervallen abgelegt. Die Laichabgabe erfolgt dabei meist in Gruppen mehrerer Fische über sandigem bis kiesigem Boden bei starker Strömung.
Die Erbrütungsdauer beträgt bei einer Wassertemperatur von 14-16 °C etwa 6-8 Tage. Die frisch geschlüpften Larven halten sich anfangs am Boden auf und wandern nach 8-10 Tagen in mittlere Wasserschichten wo sie flussabwärts driften. Die aktive Nahrungsaufnahme beginnt etwa 11-13 Tage nach dem Schlupf, bei einer Größe von 6-7 mm, im seichten Uferbereich.
Die Fische schließen sich ab September zu größeren Gruppen zusammen und überwintern ziemlich inaktiv in tiefen Gewässer-abschnitten.
Der Don-Kaulbarsch ist vorwiegend dämmerungs- bis nachtaktiv.
Die Nahrung besteht hauptsächlich aus Wirbellosen, wie Insektenlarven, Krebsen und Weichtieren, seltener auch aus kleinen Fischen.
Das Wachstum ist relativ langsam.
Der Don-Kaulbarsch kann bis zu 25 cm lang und 10 Jahre alt werden.

Bedeutung:
Der Don-Kaulbarsch hat wirtschaftlich keine Bedeutung.

Gymnocephalus ambriaelacus Geiger et Schliewen, 2010
Ammersee-Kaulbarsch

Ammersee-Kaulbarsch. (Foto: A. Hartl)

Beschreibung:

Rückenflosse mit 14-16 Stachel- und 10-12 Gliederstrahlen, Afterflosse mit 2 Stachel- und 5-6 Gliederstrahlen, 35-40 Schuppen entlang der Seitenlinie.

Der Körper ist hochrückiger und gedrungener als beim Gemeinen Kaulbarsch. Die größte Körperhöhe, welche in Höhe des 2.-3. Stachelstrahls der Rückenflosse erreicht wird, beträgt 26,1-33,6 % und die größte Kopfhöhe 24,0-25,8 % der Standardlänge. Am Kiemenvordeckel befinden sich 6-12 Dornen am hinteren und 3 Dornen am unteren Ende.

Die Oberseite ist gelbgrün bis silbergrau und die Unterseite gelb bis weiß gefärbt. Die Seiten haben meist einen grün-bronze metallischen Schimmer. Die Körperoberseite ist meist mit schwarzen Flecken versehen, die manchmal jedoch nur schwach ausgebildet sind. Die Rücken-, Schwanz- und Afterflosse ist transparent bis weißgelb und mit kleinen schwarzen Flecken besetzt.

Verbreitung:
Der Ammersee-Kaulbarsch kommt endemisch nur im etwa 47 km^2 großen und 533 m hoch gelegenen Ammersee, sowie gelegentlich in dessen Abfluss, der Amper, in Bayern in Deutschland vor (48-49° Nördlicher Breite).
Er hält sich vor allem im stehenden Gewässer auf (Strömungsgeschwindigkeit 0,00-0,05 m/s) und kommt in Tiefen bis zu 50 m vor.

Lebensweise:
Über den Ammersee-Kaulbarsch ist relativ wenig bekannt, in der Lebensweise dürfte er aber dem Donaukaulbarsch, dem er auch nahe steht, ähnlich sein.
Die Laichzeit ist im Mai.
Die kaum klebrigen Eier haben einen Durchmesser von etwa 1,0 mm und werden in Ufernähe abgelegt und nicht bewacht.
Der Ammersee-Kaulbarsch ist vornehmlich nachtaktiv.
Die Nahrung besteht hauptsächlich aus Wirbellosen.
Das Wachstum ist etwas langsamer als beim Gemeinen Kaulbarsch. Er erreicht mit 1 Jahr etwa 4-5 cm und mit 2 Jahren etwa 7-9 cm.
Der Ammersee-Kaulbarsch kann bis zu 15 cm lang und 6 Jahre alt werden.

Bedeutung:
Der Ammersee-Kaulbarsch hat wirtschaftlich keine Bedeutung.
Er wird jedoch im Sommer gelegentlich in Reusen mitgefangen.

Gymnocephalus baloni Holčík et Hensel, 1974. **Donaukaulbarsch**

Donaukaulbarsch. (Foto: Z. Sallai)

Beschreibung:

Rückenflosse mit 14-16 Stachel- und 10-13 Gliederstrahlen, Afterflosse mit 2 Stachel- und 4-7 Gliederstrahlen, 33-42 Schuppen entlang der Seitenlinie, 9-14 Kiemenreusendornen, 32-35 Wirbel.

Der Körper ist hochrückiger und gedrungener als beim Gemeinen Kaulbarsch. Die größte Körperhöhe, welche über den Bauchflossen erreicht wird, beträgt 28,9-35,2 % und die größte Kopfhöhe 24,3-28,8 % der Standardlänge. Am Kiemenvordeckel befinden sich 6-11 Dornen am hinteren und 3 Dornen am unteren Ende.

Die Oberseite ist gelbgrün bis gelbbraun und die Unterseite hellgelb bis weiß gefärbt. Die Seiten haben meist keinen metallischen Schimmer. Die Körperoberseite ist meist mit 4-6 grau-schwarzen Flecken versehen, die manchmal jedoch nur schwach ausgebildet sind, oder auch fehlen können. Die Rücken-, Schwanz- und Afterflosse ist transparent bis gelbbraun und mit kleinen Flecken besetzt.

Verbreitung:
Der Donaukaulbarsch kommt nur in der Donau (auf ca. 2.500 km Länge) und im Unterlauf einiger größerer Zuflüsse (wie Ipel´, Latorica, Drau, Theiß, Raab, March, Inn), sowie in Dnjestr, Dnjepr und Kamčija vor (43-49° Nördlicher Breite).
Er hält sich meist in den fließenden Gewässerabschnitten (Strömungsgeschwindigkeit 0,05-0,15 m/s) zwischen steinigem Untergrund auf.

Lebensweise:
Die Geschlechtsreife wird mit einem Alter von 1-3 Jahren erreicht, wobei die Männchen meist ein Jahr vor den Weibchen reif werden.
Zur Laichzeit wandern die Laichfische in Rückströmbereiche.
Die Laichzeit erstreckt sich von März bis Mai bei Wassertemperaturen von 8-16 °C.
Die durchschnittlich 600.000-800.000 klebrigen Eier je kg Körpergewicht, mit einem Durchmesser von 1,0-1,2 mm, werden in Intervallen abgelegt und nicht bewacht. Gelegentlich treten auch Hybriden mit dem Gemeinen Kaulbarsch auf.
Der Donaukaulbarsch ist vornehmlich nachtaktiv.
Die Nahrung besteht hauptsächlich aus Insektenlarven (*Chironomus, Hydropsyche*), sowie gelegentlich aus Krebstieren (*Asellus, Dikerogammarus*) und Würmern (*Erpobdella*).
Das Wachstum ist etwas langsamer als beim Gemeinen Kaulbarsch.
Der Donaukaulbarsch kann bis zu 20 cm lang und 7 Jahre alt werden.

Bedeutung:
Der Donaukaulbarsch hat wirtschaftlich keine Bedeutung.

Gymnocephalus cernua Linnaeus, 1758. **Gemeiner Kaulbarsch**

Gemeiner Kaulbarsch. (Foto: M. Hochleithner)

Beschreibung:

Rückenflosse mit 11-16 Stachel- und 10-15 Gliederstrahlen, Afterflosse mit 2 Stachel- und 4-6 Gliederstrahlen, 34-40 Schuppen entlang der Seitenlinie, 8-13 Kiemenreusendornen, 32-38 Wirbel.

Der Körper ist hochrückig und gedrungen. Die größte Körperhöhe, welche über den Bauchflossen erreicht wird, beträgt 24,1-27,3 % und die größte Kopfhöhe 20,9-24,1 % der Standardlänge. Am Kiemenvordeckel befinden sich 5-10 Dornen am hinteren und 3 Dornen am unteren Ende.

Bei den Männchen sind die paarigen Flossen oft etwas länger als bei den Weibchen.

Die Oberseite ist graugrün bis braungrau und die Unterseite gelbbraun bis weiß gefärbt. Die Seiten haben meist einen blau-grünen metallischen Schimmer. Die Körperoberseite sowie die graubraune Rücken- und Schwanzflosse ist mit zahlreichen, meist in Reihen angeordneten, undeutlichen dunklen Flecken besetzt. Die restlichen Flossen sind gelb bis weiß gefärbt.

Verbreitung:
Der Gemeine Kaulbarsch kommt in vielen Gewässern Eurasiens vor (43-74° Nördlicher Breite). Sein Verbreitungsgebiet erstreckt sich in Europa von Nordfrankreich über Südengland und Ostskandinavien (ausgenommen Irland, Schottland und Norwegen), sowie über den Nordrand des Schwarzen- und Kaspischen Meeres und vom Aralsee bis zum Kolyma in Sibirien.
Er besiedelt vor allem die ruhigeren, nährstoffreichen Gewässer (Strömungsgeschwindigkeit 0,00-0,05 m/s) und bevorzugt sandigen Grund. Nur in der Ostsee und im Aralsee ist er gelegentlich auch im Brackwasser (bis 10 ‰) anzutreffen.
Die Bestandsdichte kann über 14.900 Stück bzw. 210 kg/ha erreichen.
In Europa wurde er in den 1980er Jahren in den Loch Lomond in Schottland und in den Bodensee, sowie in den 1990er Jahren in den Piediluco-See in Italien eingeschleppt. In Amerika wurde er in den 1980er Jahren im Lake Superior mit Ballastwasser von Frachtschiffen eingeschleppt.

Lebensweise:
Die Geschlechtsreife wird mit einem Alter von 1-3 Jahren erreicht, wobei die Männchen meist ein Jahr vor den Weibchen reif werden.
Die Laichzeit erstreckt sich, je nach Verbreitungsgebiet, von März bis Juli bei Wassertemperaturen von 7-20 °C.
Die durchschnittlich 500.000-900.000 klebrigen Eier je kg Körpergewicht mit einem Durchmesser von 0,7-1,6 mm werden im flacheren Wasser, bis in einen Tiefe von 3 m, am Boden oder an Wasserpflanzen in mehreren (meist 2-3) Intervallen abgelegt und nicht bewacht.
Die Erbrütungsdauer beträgt bei einer Wassertemperatur von 10-15 °C etwa 8-10 Tage. Die frisch geschlüpften Larven sind 2,5-3,7 mm lang.
Der Gemeine Kaulbarsch ist überwiegend dämmerungsaktiv.
Die Nahrung besteht anfangs hauptsächlich aus Zooplankton (*Bosmina, Cyclops*), später aus Insektenlarven (*Chironomus*), Krebstieren (*Asellus*), seltener aus Weichtieren und Würmern, sowie kleinen Fischen und Fischeiern.
Das Wachstum ist relativ langsam. Die Weibchen wachsen meist etwas schneller und können auch größer und älter werden als die Männchen.
Der Gemeine Kaulbarsch kann bis zu 30 cm lang, 0,4 kg schwer und 10 Jahre alt werden.

Bedeutung:
Der Gemeine Kaulbarsch hat wirtschaftlich eine relativ geringe Bedeutung. In einigen Gegenden wird er jedoch mit Netzen und Angeln gefangen und sein Fleisch besonders geschätzt, das gebraten oder frittiert angeboten wird. An der Ostsee wird er gerne gekocht und aus ihm die „Sturensuppe" hergestellt, welche als besondere Delikatesse gilt. Früher wurden in manchen Gegenden solche Mengen gefangen, dass er sogar als Dünger auf die Felder gebracht wurde.
In den 1990er Jahre wurden in Dänemark 2-22 t (durchschnittlich 9 t), in Lettland 4-5 t und im Bodensee 1-2 t pro Jahr gefangen. In den 2000er Jahren wurden in Litauen 4-97 t (durchschnittlich 26 t) und in Polen 1-2 t pro Jahr gefangen.

Gemeiner Kaulbarsch. (Foto: M. Hochleithner)

Gymnocephalus schraetser Linnaeus, 1758. **Schrätzer**

Schrätzer. (Foto: M. Hochleithner)

Beschreibung:

Rückenflosse mit 17-19 Stachel- und 11-14 Gliederstrahlen, Afterflosse mit 2 Stachel- und 5-7 Gliederstrahlen, 50-70 Schuppen entlang der Seitenlinie, 10-12 Kiemenreusendornen, 38-40 Wirbel.

Der Körper ist langgestreckt und seitlich zusammengedrückt. Die größte Körperhöhe, welche über den Bauchflossen erreicht wird, beträgt 20,0-22,8 % und die größte Kopfhöhe 17,6-20,3 % der Standardlänge. Am Kiemenvordeckel befinden sich 7-10 Dornen am hinteren und 3 Dornen am unteren Ende.

Bei den Männchen sind die paarigen Flossen oft etwas länger als bei den Weibchen.

Die Oberseite ist gelbgrün bis grüngrau und die Unterseite ist silbrig bis weiß gefärbt. An den Seiten befinden sich mehrere (meist 3) schwarzbraune, gelegentlich unterbrochene Längsstreifen. Die Rückenflosse ist im vorderen Teil meist mit schwarzen ovalen Punkten besetzt, die ebenfalls in Reihen angesetzt sind. Die restlichen Flossen sind gelb bis weiß gefärbt.

Verbreitung:

Der Schrätzer kommt nur in der Donau (von Ulm bis ins Delta) und in den Unterläufen der größeren Zuflüsse (wie Günz und Mindel, Naab und Regen, Inn, March mit Thaya, Waag, Ipel´, Theiß mit Bodrog, Latorica und Laborec), sowie in der etwa 180 km langen Kamčija vor (43-49° Nördlicher Breite), die ins Schwarze Meer münden.
Er hält sich meist in kleineren Schwärmen in tieferen Strecken in den fließenden Gewässerabschnitten (Strömungsgeschwindigkeit 0,1-0,3 m/s) über sandigem bis schottrigem Grund auf.
Die Bestandsdichte kann über 150 Stück bzw. 3 kg/ha erreichen.

Lebensweise:

Die Geschlechtsreife wird mit einem Alter von 2-3 Jahren bei einer Größe von 12-16 cm erreicht.
Zur Laichzeit wandern die Laichfische oft in größeren Schwärmen in die Zuflüsse.
Die Laichzeit erstreckt sich von März bis Juni bei Wassertemperaturen von 8-14 °C.
Die 2.000-8.000 Eier (423.000-504.000 Stück je kg Körpergewicht) werden vom Weibchen im seichten, fließenden Wasser über schottrigem Boden in Streifen abgelegt und von ein bis mehreren Männchen befruchtet.
Der Schrätzer ist vorwiegend dämmerungs- bis nachtaktiv.
Die Nahrung besteht hauptsächlich aus Insektenlarven (*Chironomus*) und Weichtieren, sowie gelegentlich aus Würmern und kleinen Fischen.
Das Wachstum ist relativ langsam. Er erreicht in einem Alter von 1 Jahr durchschnittlich 8-9 cm, mit 2 Jahren 11-13 cm, mit 3 Jahren 14-16 cm, mit 4 Jahren 16-18 cm und mit 5 Jahren 18-20 cm. Die Weibchen wachsen meist etwas (10-15 %) schneller und können auch größer werden als die Männchen.
Der Schrätzer kann bis zu 30 cm lang, 0,2 kg schwer und 15 Jahre alt werden.

Bedeutung:

Der Schrätzer hat wirtschaftlich keine Bedeutung. Früher (um 1900) wurde er jedoch auf Fischmärkten angeboten. In einigen Ländern ist er auch geschützt.

Perca flavescens Mitchill, 1814. **Amerikanischer Barsch**, Gelbbarsch

Amerikanischer Barsch (Foto: P. Vecsei)

Beschreibung:

1. Rückenflosse mit 11-15 Stachelstrahlen, 2. Rückenflosse mit 1-3 Stachel- und 12-15 Gliederstrahlen, Afterflosse mit 2 Stachel- und 6-8 Gliederstrahlen, 51-65 Schuppen entlang der Seitenlinie, 16-24 Kiemenreusendornen, 3 kurze dicke Pylorusanhänge, 38-41 Wirbel.

Der Körper ist hochrückig und seitlich zusammengedrückt. Die größte Körperhöhe (16-28 % der Gesamtlänge) wird vor der Mitte der ersten Rückenflosse erreicht. Die Schnauze beträgt 23-34 % der Kopflänge und diese wiederum 23-29 % der Gesamtlänge. Der Augendurchmesser beträgt 16-30 % (bei Jungfischen am größten) und der Augenabstand 17-27 % der Kopflänge.

Die Oberseite ist olivgrün bis goldbraun, die Seiten gelbgrün bis gelb und die Unterseite grau bis weiß gefärbt. Der Körper ist mit 6-9 dunklen Querbinden versehen. Die Schwanz- und Rückenflossen sind gelb bis grün gefärbt. Die erste Rückenflosse ist am vorderen und hinteren Teil schwarz umrandet und die Flossenabschnitte zwischen den ersten beiden und den letzten 4-5 Stachelstrahlen sind oft schwarz gefärbt.

Die After-, Brust- und Bauchflossen sind gelb bis weiß gefärbt. Zur Laichzeit sind die After- und Bauchflossen oft orange bis rötlich gefärbt, vor allem bei den Männchen. Die Jungfische sind meist silbrig bis grünlich gefärbt.

Verbreitung:
Der Amerikanische Barsch kommt in Nordamerika östlich der Appalachen von Neuschottland bis Florida und westlich der Appalachen vom St. Lorenzstrom und den Großen Seen über die Zuflüsse der James Bai, dem Abiti Lake, entlang des Albany Rivers, bis zum Großen Sklavensee und weiter bis zum Oberen Missouri im Süden vor (33-64° Nördlicher Breite).
Südwestlich seines ursprünglichen Verbreitungsgebietes wurde der Gelbbarsch in fast allen Staaten der USA mit Erfolg eingebürgert.
Er bevorzugt klare ruhige Gewässer mit Wasserpflanzen und eine Wassertemperatur von 19-24 °C. An der Nordostküste Nordamerikas ist er selten auch im Brackwasser (bis 12 ‰) anzutreffen.

Lebensweise:
Die Geschlechtsreife wird bei den Männchen mit einem Alter von 1-3 Jahren und bei den Weibchen mit einem Alter von 2-5 Jahren erreicht.
Die Laichfische wandern zum Laichen nahe ans flache Ufer oder auch bis zu 40 km in die Zuflüsse (vor allem aus einigen Seen oder dem Brackwasser). Die Männchen erscheinen an den Laichplätzen vor den Weibchen und bleiben auch länger dort.
Die Laichzeit erstreckt sich von März bis Juni bei Wassertemperaturen von 7-14 °C, meist nach der Laichzeit des Walleye. Die etwa 5 Sekunden dauernde Eiabgabe erfolgt in der Nacht, oft über verrotteter Vegetation, Wurzeln oder Zweigen manchmal auch über sandigen bis kiesigen Boden in einer Tiefe von 0,5-3,5 m. Die 2.000-120.000 Eier je Weibchen bzw. 80.000-200.000 St./kg Körpergewicht (durchschnittlich 150.000 St./kg) mit einem Durchmesser von 1,0-2,1 mm werden in 5-10 cm breiten zylindrischen Bändern, die eine Länge bis zu 2 m erreichen können, abgelegt. Beim Laichen wird ein Weibchen meist von mehreren (2-5) eng hintereinander schwimmenden Männchen begleitet, die die Eier befruchten. Die Laichbänder werden nicht bewacht und üblicherweise auch nicht von anderen Fischen gefressen.
Die Erbrütung dauert bei einer Wassertemperatur von 8-10 °C rund 21-29 Tage. Die frisch geschlüpften transparenten Larven sind etwa 4-6 mm lang und nach 5-7 Tagen mit einer Länge von etwa 6-7 mm fressfähig.

Die Larven und Jungfische werden gerne von Walleye und Rutten gefressen. Die Jungfische halten sich bis zu einer Größe von etwa 2 cm pelagisch im Freiwasser und anschließend meist im Uferbereich auf.
Die Fische halten sich am Tag gerne in größeren Schwärmen von 50-200 Individuen auf, im Sommer und Herbst in Tiefen von 5-11 m, im Winter und Frühjahr in Tiefen von 18-45 m, wobei die jüngeren Fische seichteres Wasser bevorzugen.
Die Fische sind nur am Tag aktiv und rasten in der Nacht meist am Boden oder nahe dem Ufer. Der Gelbbarsch dient oft anderen Raubfischen (Barschen und Hechten) und Wasservögeln (Kormoranen, Sägern, Tauchern und Eisvögeln) als Nahrung. Durch das starke Vermehrungspotential und die effektive Nahrungssuche kann es in manchen Gewässern zur Verbuttung der Bestände kommen.
Die Nahrung besteht anfangs hauptsächlich aus Zooplankton (*Bosmina, Daphnia, Diaphanosoma, Diaptomus, Mysis*) und Insektenlarven (*Hexagenia, Sialis*), später (ab 15 cm Länge) auch aus anderen Krebsen, Würmern, Weichtieren und kleinen Fischen, sowie Artgenossen und gelegentlich aus Fischeiern.
Das Wachstum ist, je nach Lebensraum, Wassertemperatur und Nahrungsangebot, sehr unterschiedlich. Er erreicht im Michigansee durchschnittlich im Alter von 1 Jahr 7-8 cm (13 g), mit 2 Jahren 13-15 cm (58 g), mit 3 Jahren 17-18 cm (84 g), mit 4 Jahren 19-21 cm (108 g), mit 5 Jahren 22-24 cm (171 g), mit 6 Jahren 24-26 cm (233 g), und mit 7 Jahren 26-28 cm (307 g). Die Weibchen wachsen etwas schneller und werden auch älter und größer als die Männchen. Nördliche Populationen wachsen langsamer und werden älter als südliche.
Der Amerikanische Barsch kann bis zu 50 cm lang, 2 kg schwer und 15 Jahre alt werden.

Bedeutung:
Der Amerikanische Barsch hat in Nordamerika eine relativ große wirtschaftliche Bedeutung. Er war eine der ersten Arten, die Mitte bis Ende des 19. Jahrhunderts in den Großen Seen, welche das Hauptfanggebiet sind, mit Zugnetzen gefangen wurden.
In der ersten Hälfte des 20. Jahrhunderts waren die Fänge 1948 mit 1.440 t am geringsten und 1934 mit 32.445 t am höchsten (wobei der Großteil vom Lake Erie stammte). Im Lake Erie betrugen die jährlichen Fänge Mitte der 1920er bis Mitte der 1930er Jahre etwa 5.700 t und reduzierten sich auf rund 5.000 t Mitte der 1970er Jahre, wobei bis dahin der Großteil aus den USA stammte, später kam der Großteil aus Kanada.

Im Lake Michigan wurden von 1890-1970 durchschnittlich 1.100 t jährlich gefangen wobei der Durchschnitt Anfang bis Mitte der 1960er Jahre 2.200 t und Mitte bis Ende der 1960er Jahre 400 t betrug.
Die jährlichen Gesamtfänge betrugen in Kanada und den USA in den 1950er Jahren 1.500-9.400 t (durchschnittlich 4.410 t) und 2.086-5.576 t (durchschnittlich 3.755 t), in den 1960er Jahren 4.800-14.100 t (durchschnittlich 9.520 t) und 2.534-5.655 t (durchschnittlich 3.823 t), in den 1970er Jahren 2.983-10.100 t (durchschnittlich 6.878 t) und 1.400-2.200 t (durchschnittlich 1.748 t), in den 1980er Jahren 2.564-5.731 t (durchschnittlich 4.071 t) und 1.152-2.296 t (durchschnittlich 1.638 t), in den 1990er Jahren 1.246-3.345 t (durchschnittlich 1.960 t) und 537-1.649 t (durchschnittlich 1.120 t), und in den 2000er Jahren in Kanada 1.170-5.307 t (durchschnittlich 3.350 t) und in den USA 567-1.044 t (durchschnittlich 763 t).
Der Amerikanische Barsch wird vorwiegend filetiert und frisch oder gefrostet vermarktet. Etwa 4 % wird lebend, 18 % frisch und 78 % verarbeitet verkauft. Dabei werden die Fänge aus Kanada meist in die USA exportiert und der Hauptmarkt (70 %) besteht innerhalb 80 km um die Großen Seen.
In den USA wird er seit den 1970er Jahren auch in der Aquakultur (Teichen und Becken) zum Speisefisch gezogen (Mitte bis Ende der 2000er Jahre ca. 50 t/Jahr), wobei die Marktgröße bei etwa 100 g liegt.
Angelfischereilich wird er das ganze Jahr über mit künstlichen und natürlichen Ködern (Fische oder Würmer) gefangen. Er ist kein ausdauernder Kämpfer, jedoch sehr beliebt und wird gelegentlich auch als Köderfisch für Hechte oder andere Raubfische verwendet.
Der Amerikanisch Barsch wird auch oft als Studienobjekt verwendet, um Studenten mit der Anatomie eines Fisches vertraut zu machen.

Amerikanischer Barsch. (Foto: P. Vecsei)

Perca fluviatilis Linnaeus, 1758. **Eurasischer Barsch**, Flussbarsch

Flussbarsch. (Foto: M. Hochleithner)

Beschreibung:
1. Rückenflosse mit 12-18 Stachelstrahlen, 2. Rückenflosse mit 1-3 Stachel- und 11-17 Gliederstrahlen, Afterflosse mit 2-3 Stachel- und 7-11 Gliederstrahlen, 51-80 Schuppen entlang der Seitenlinie, 15-29 Kiemenreusendornen, 3 kurze dicke Pylorusanhänge, 37-44 Wirbel.
Der Körper ist hochrückig und seitlich zusammengedrückt. Die größte Körperhöhe (25-33 % der Gesamtlänge) wird über den Bauchflossen erreicht. Die Schnauze beträgt 25-33 % der Kopflänge und diese wiederum 25-30 % der Gesamtlänge. Der Augendurchmesser beträgt 20-29 % (bei Jungfischen am größten) und der Augenabstand 17-29 % der Kopflänge.
Die Oberseite ist gelbgrün bis schwarzgrün, die Seiten goldgelb bis graugrün und die Unterseite silbrig bis weiß gefärbt. Der Körper ist mit 5-9 dunklen Querbinden versehen, wobei die mittleren oft Y-förmig sind. Die Rückenflosse ist gelbgrün bis violettgrau, die Brustflossen gelbgrün bis orange und die After- und Bauchflossen sind gelb bis rötlich gefärbt. Die erste Rückenflosse trägt am hinteren Ende einen schwarzen Fleck.

Verbreitung:

Der Eurasische Barsch kommt in fast allen Gewässern Eurasiens bis in eine Seehöhe von etwa 1.000 m vor (38-74° Nördlicher Breite). Sein Verbreitungsgebiet erstreckt sich in Europa von den Pyrenäen über England und Skandinavien (ausgenommen Schottland, Irland und Norwegen) sowie über Norditalien, den Südrand des Schwarzen- und Kaspischen Meeres und dem Aralsee bis zum Kolyma in Sibirien.
Die Population des Kolyma wurde auch schon als Unterart (*Perca f. intermedius* Svetovidov et Dorofeyeva, 1963) beschrieben.
Außerhalb seines Verbreitungsgebietes wurde er 1861 in Tasmanien, 1868 in Australien und Neuseeland, sowie in Südafrika eingebürgert.
Er bevorzugt klare ruhige Gewässer mit Wasserpflanzen und eine Wassertemperatur von 18-24 °C. In der Ostsee ist er auch im Brackwasser (bis 8 ‰) anzutreffen. Er ist jedoch einer der anpassungsfähigsten und einer der ersten Süßwasserfische der rasch neue Gewässer besiedeln kann. Er kann pH-Werte bis 4-5 tolerieren.
Die Bestandsdichte kann über 1.500 Stück bzw. 20 kg/ha erreichen.

Lebensweise:

Die Geschlechtsreife wird, je nach Verbreitungsgebiet, meist bei den Männchen mit einem Alter von 1-3 Jahren bei einer Länge von 6-16 cm und einem Gewicht von 10-60 g und bei den Weibchen mit einem Alter von 2-6 Jahren bei einer Länge von 9-19 cm und einem Gewicht von 20-120 g erreicht.
Die Männchen, jüngere meist früher als ältere, erscheinen an den Laichplätzen vor den Weibchen und bleiben auch länger (2-18 Tage) dort. Die Laichzeit erstreckt sich über 2-10 Tage, je nach Verbreitungsgebiet, von Februar bis Juli bei Wassertemperaturen von 6-15 °C, meist gleich nach Schmelzen des Eises, aber nach der Laichzeit des Hechts.
Die 1.000-210.000 Eier je Weibchen bzw. 50.000-300.000 St./kg Körpergewicht (durchschnittlich 150.000 St./kg) mit einem Durchmesser von 1,0-2,8 mm werden in 2-7 cm breiten zylindrischen Bändern, die eine Länge bis über 2 m erreichen können, vorwiegend an Wurzeln, Ästen oder Wasserpflanzen manchmal auch über sandigem bis steinigem Grund nahe des Ufers in einer Tiefe bis etwa 3 m abgelegt. Die etwa 5 Sekunden dauernde Laichabgabe erfolgt in der Nacht meist in Gruppen von einem Weibchen und mehreren Männchen und die Eier werden nicht bewacht. Die Laichbänder werden üblicherweise nicht von Fischen gefressen, manchmal jedoch von Wasservögeln (*Cygnus*).

Die Erbrütung dauert bei einer Wassertemperatur von 12-14 °C rund 8-14 Tage (etwa 100-150 Tagesgrade). Die frisch geschlüpften Larven sind 5-6 mm lang und 0,7-0,8 mg schwer.
Die Larven bzw. Jungfische werden gerne von Maränen und Zandern gefressen. Die Jungfische halten sich bis zu einer Größe von etwa 2 cm pelagisch im Freiwasser und anschließend meist im Uferbereich auf.
Die Fische halten sich gerne in größeren Schwärmen nahe dem Ufer, im Sommer oberhalb der Sprungschicht und im Winter tiefer auf, wobei die jüngeren Fische seichteres Wasser bevorzugen. Die Fische sind nur am Tag aktiv und rasten in der Nacht meist am Boden oder nahe dem Ufer.
Die Nahrung besteht anfangs bis zu einer Länge von 7 cm hauptsächlich aus Zooplankton (*Alona, Bosmina, Bythotrephes, Ceriodaphnia, Chydorus, Cyclops, Daphnia, Diaptomus, Eudiaptomus, Leptodora, Polyphemus*) und bis zu einer Länge von 20 cm auch aus anderen Krebsen (*Argulus, Astacus, Asselus, Gammarus, Orconectes, Rivulogammarus*) und Insektenlarven (*Baetis, Brachyptera, Capnia, Caenis, Chaoborus, Chironomus, Corixa, Sialis*), später ab einer Länge von 8-16 cm bis zu 10-50 % auch aus kleinen Fischen (*Abramis, Alburnus, Cottus, Gasterosteus Gymnocephalus, Gobio, Leuciscus, Osmerus, Rutilus, Scardinius*) sowie Artgenossen und gelegentlich aus Fischeiern und Weichtieren, selten auch aus Würmern und Amphibien. Barsche fressen Beutefische, die bis zu 30-50 % ihrer Länge betragen können. Die Nahrungsaufnahme erfolgt auch im Winter, wenn auch geringer, nicht jedoch während der Laichzeit.
Das Wachstum ist je nach Lebensraum, Nahrungsangebot und Geschlecht sehr unterschiedlich. Die Weibchen wachsen etwas schneller und werden auch größer und älter als die Männchen.
Der Eurasische Barsch kann bis zu 70 cm lang, 7 kg schwer und 22 Jahre alt werden.

Bedeutung:
Der Eurasische Barsch hat in manchen Regionen und Gewässern eine große wirtschaftliche Bedeutung. Der Fang erfolgt meist mit verschiedenen Netzen wie Reusen, Zug- oder Kiemennetzen. Der jährliche Ertrag kann bis 50 % des Bestandes erreichen.
Im Bodensee (Obersee), wo der Barsch nach den Coregonen der zweitwichtigste Wirtschaftsfisch ist, stiegen die Fänge von den 1950er bis 1970er Jahren stark an. Von den der Berufsfischern wurden dort in den 1980er Jahren jährlich 128-1.263 t, durchschnittlich 379 t (8,01 kg/ha), und in den 1990er Jahren 147-519 t, durchschnittlich 274 t (5,79 kg/ha) gefangen. Danach sind die Fänge mit der Reoliotrophierung des

Sees wieder zurückgegangen und betrugen in den in den 2000er Jahren 51-232 t, durchschnittlich 100 t (2,11 kg/ha).
Der jährliche weltweite Gesamtfang betrug durchschnittlich in den 1950er Jahren 5.720 t (Finnland 4.010 t, Schweiz 1.230 t), in den 1960er Jahren 8.931 t (Finnland 6.170 t, Schweiz 1.590 t), in den 1970er Jahren 11.268 t (Finnland 8.040 t, Schweiz 1.708 t), in den 1980er Jahren 25.846 t (Finnland 20.827 t, Schweiz 934 t) und in den 1990er Jahren 26.088 t (Finnland 17.379 t, Russland 3.084 t, Schweiz 583 t).
Der Eurasische Barsch wird vorwiegend filetiert, frisch oder gefrostet vermarktet. Dabei werden die Fänge meist in die Schweiz und nach Frankreich exportiert.
In Europa wird er seit einigen Jahren auch in der Aquakultur (Teichen und Kreislaufanlagen) zum Speisefisch gezogen (in den 2000er Jahren ca. 217 t/Jahr), wobei die Marktgröße bei etwa 100 g liegt.
Angelfischereilich wird er meist mit Natur- (Würmer, schlanke Köderfische) oder Kunstködern (kleinen metall- oder naturfarbenen eher dunklen Blinkern, Wobblern, Spinnern, Twistern, Jigs, oder ähnlichem), vorzugsweise in Ufernähe bei Steganlagen oder sonstigen Einbauten, sowie an der Scharkante oder Erhebungen, gefangen. Die besten Fänge werden meist im Frühjahr kurz nach der Laichzeit gefangen. Als Rute verwendet man meist eine leichte, eher steife Spinnrute mit einem Wurfgewicht bis 50 g.

Flussbarsch. (Foto: M. Hochleithner)

Perca schrenkii Kessler, 1874. **Balchasch-Barsch**

Balchasch-Barsch. (Foto: T. Harder)

Beschreibung:
1. Rückenflosse mit 12-13 Stachelstrahlen, 2. Rückenflosse mit 2-3 Stachel- und 12-13 Gliederstrahlen, Afterflosse mit 2 Stachel- und 7-9 Gliederstrahlen, 41-54 Schuppen entlang der Seitenlinie, 20-24 Kiemenreusendornen, 36-40 Wirbel.

Der Körper ist langgestreckt und seitlich zusammengedrückt. Die größte Körperhöhe (20-30 % der Gesamtlänge) wird über den Brustflossen erreicht. Der Körper ist gestreckter, die erste Rückenflosse niedriger und die Schuppen größer als bei den anderen Arten der Gattung *Perca*.

Die Oberseite ist grün bis schwarz und die Unterseite weiß gefärbt. Am Körper befinden einige dunkle Querbinden, die mit dem Wachstum manchmal auch verschwinden können. Die erste Rückenflosse trägt am hinteren Ende oft einen schwarzen Fleck. Insgesamt ist er meist heller gefärbt als der Eurasische Barsch.

Verbreitung:
Der Balchasch-Barsch kommt nur im abflusslosen Becken des rund 340 m hoch gelegenen, bis zu 25 m tiefen 18.200 km^2 großen Balchasch- und 2.200 km^2 großen Alakul-Sees in Kasachstan in Asien vor (43-48° Nördlicher Breite).
Er besiedelt sowohl fließende als auch stehende Gewässer und kommt im Süß- und Brackwasser bis in eine Seehöhe von 600 m vor.
In den 1960er Jahren wurde er in einige Flüsse (Nura, Olenty, Chu) und Seen im Norden von Kasachstan, sowie im Zarafshon in Usbekistan mit Erfolg eingebürgert, wo er allerdings gelegentlich auch mit dem Eurasischen Barsch hybridisiert.

Lebensweise:
Zum Laichen wandern die Laichfische vom Balchaschsee ans Ufer und teilweise in die Zuflüsse.
Die Laichzeit erstreckt sich von April bis Mai bei Wassertemperaturen von 8-15 °C. Die Eiablage erfolgt sowohl im Süß- als auch im Brackwasser.
Die Nahrung besteht hauptsächlich aus kleinen Fischen (*Carassius, Cyprinus, Hemiculter, Nemachilus, Pseudorasbora, Schizothorax*) und Artgenossen sowie Fischeiern.
Das Wachstum ist je nach Gewässer sehr unterschiedlich, generell aber langsamer als beim Eurasischen Barsch. Er erreicht im Ili durchschnittlich im Alter von 1 Jahr 6-8 cm, mit 2 Jahren 10-12 cm, mit 3 Jahren 13-15 cm, mit 4 Jahren 16-18 cm, mit 5 Jahren 18-21 cm, und mit 6 Jahren 21-24 cm.
Der Balchasch-Barsch kann bis zu 50 cm lang, 2,2 kg schwer und 20 Jahre alt werden.

Bedeutung:
Der Balchasch-Barsch hat lokal eine große wirtschaftliche Bedeutung. Der Fang erfolgt meist zur Laichwanderung entlang des Ufers mit Zugnetzen. Am Balchaschsee wurden in den 1930er Jahren jährlich 350-5.390 t und in den 1950er Jahren bis zu 1.420 t gefangen.
Durch den Besatz fremder Fischarten (Zander) sowie die Regulierung des Zuflusses (Ili) ist der Bestand am Balchaschsee stark zurückgegangen und Mitte der 1970er Jahren wurde die Fischerei auf den Balchasch-Barsch offiziell eingestellt.
Am Alakul-See wurden in den 1980er Jahren jährlich 600-850 t und in den 1990er Jahren jährlich etwa 300-400 t gefangen.

Percarina demidoffii Nordmann, 1840. **Gemeiner Zwergbarsch**

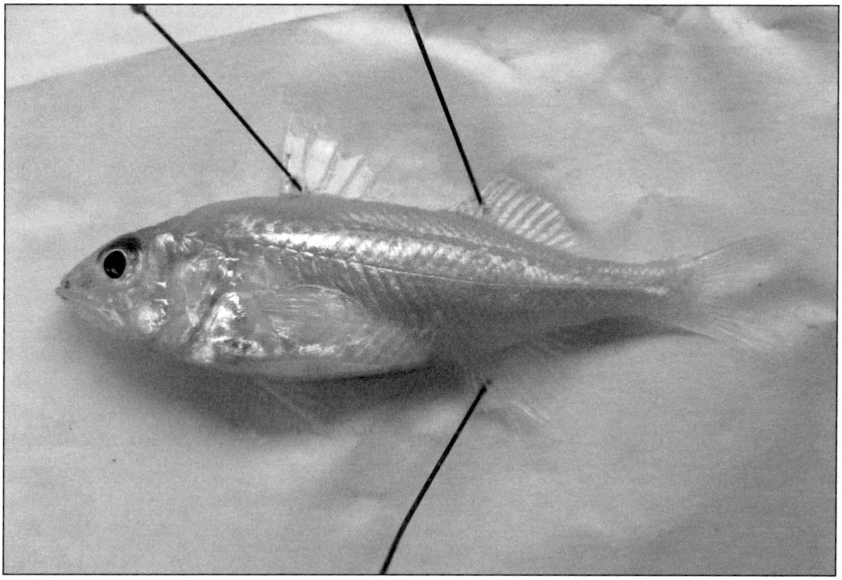

Gemeiner Zwergbarsch. (Foto: V. Otel)

Beschreibung:

1. Rückenflosse mit 9-11 Stachelstrahlen, 2. Rückenflosse mit 2-3 Stachel- und 10-13 Gliederstrahlen, Afterflosse mit 2 Stachel- und 8-11 Gliederstrahlen, 33-37 Schuppen entlang der Seitenlinie, 22-28 Kiemenreusendornen, 32-34 Wirbel.

Der Körper ist langgestreckt und seitlich zusammengedrückt. Die größte Körperhöhe, welche vor der ersten Rückenflosse erreicht wird, entspricht etwa der halben Körperbreite. Der Kopf beträgt 26-29 % der Gesamtlänge. Das mit zahlreichen kleinen Hechelzähnen stark bezahnte und weit gespaltene Maul reicht bis unter die Augen. Die Wangen sind nicht beschuppt.

Die Oberseite ist milchig gelb und die Unterseite silbrig bis weiß gefärbt. Entlang des Rückens befinden sich 7-9 schwarzbraune runde Flecken und die Seitenlinie ist oft von schwarzen Pigmentpunkten umgeben. Die Flossen sind transparent und unpigmentiert.

Verbreitung:
Der Gemeine Zwergbarsch kommt in den Unterläufen der Flüsse des nordwestlichen Schwarzen Meeres (Dnjestr, Dnjepr, Bug) und seit Mitte der 1980er Jahre auch im Mündungsbereich der Donau vor (45-49° Nördlicher Breite).
Er kommt meist in riesigen Schwärmen im Mündungsbereich der Flüsse, sowohl im Süß- als auch im Salzwasser (bis 7 ‰) vor und bevorzugt schlammigen Grund.

Lebensweise:
Die Geschlechtsreife wird mit einem Alter von 1-2 Jahren erreicht.
Zur Laichzeit wandern die Laichfische meist in den Mündungsbereich der Flüsse.
Die Laichzeit erstreckt sich von Mai bis Juli bei Wassertemperaturen von 20-25 °C.
Die rund 3.000 Eier werden an schlammigen bis sandigen Stellen am Boden abgelegt. Die klebrigen Eier haften aber nicht am Untergrund fest sondern werden mit Substratpartikeln umhüllt. Die Erbrütungszeit dauert bei einer Wassertemperatur von 24-25 °C rund 2 Tage. Die aktive Nahrungsaufnahme beginnt mit einer Größe von 5-7 mm.
Die Laichfische wandern nach dem Laichen bald wieder ins Meer.
Die Nahrung besteht hauptsächlich aus Kleinkrebsen und kleinen Fischen.
Das Wachstum ist sehr langsam. Die Weibchen können etwas größer werden als die Männchen.
Der Gemeine Zwergbarsch kann bis zu 12 cm lang und 4 Jahre alt werden.

Bedeutung:
Der Gemeine Zwergbarsch hat wirtschaftlich kaum eine Bedeutung. Er wird jedoch oft in Netzen mitgefangen und ist nicht beliebt.
In der Ukraine wurden in den 2000er Jahren jährlich 1-200 t (durchschnittlich 27 t) gefangen.

Percarina maeotica Kuznetsov, 1888. **Asowscher Zwergbarsch**

Beschreibung:
1. Rückenflosse mit 8-10 Stachelstrahlen, 2. Rückenflosse mit 1-3 Stachel- und 10-12 Gliederstrahlen, Afterflosse mit 2 Stachel- und 7-11 Gliederstrahlen, 33-37 Schuppen entlang der Seitenlinie, 22-28 Kiemenreusendornen, 32-34 Wirbel.
Der Körper ist langgestreckt und seitlich zusammengedrückt. Die größte Körperhöhe, welche vor der ersten Rückenflosse erreicht wird, entspricht etwa der halben Körperbreite. Der Kopf beträgt 27-30 % der Gesamtlänge. Der Körper ist höher, der Kopf länger und die Augen kleiner als beim Gemeinen Zwergbarsch. Das mit zahlreichen kleinen Hechelzähnen stark bezahnte und weit gespaltene Maul reicht bis unter das Auge. Die Wangen sind beschuppt.
Die Oberseite ist gelbgrau bis violettgrün und die Unterseite silbrig bis weiß gefärbt. Entlang des Rückens befinden sich meist 7-9 dunkle runde Flecken und an der Schnauzenspitze ein dunkler Punkt. Die Flossen sind transparent und ungefleckt.

Verbreitung:
Der Asowsche Zwergbarsch kommt in den Unterläufen der Flüsse des Asowschen Meeres (Don und Kuban) vor (45-48° Nördlicher Breite).
Er kommt meist in riesigen Schwärmen nahe dem Grund sowohl im Brack- als auch im Salzwasser (bis 7 ‰) vor.

Lebensweise:
Die Geschlechtsreife wird mit einem Alter von 1-2 Jahren erreicht.
Die Laichzeit erstreckt sich von Juni bis August bei Wassertemperaturen von 20-25 °C. Die rund 3.000 Eier werden an schlammigen Stellen am Boden abgelegt. Die Erbrütungszeit dauert bei einer Wassertemperatur von 24-25 °C rund 2 Tage.
Die Nahrung besteht anfangs hauptsächlich aus Zooplankton, später auch aus anderen Krebsen, Insektenlarven, Würmern, Weichtieren und kleinen Fischen (*Clupeonella, Knipowitschia*).
Das Wachstum ist sehr langsam.
Der Asowsche Zwergbarsch kann bis zu 10 cm lang und 4 Jahre alt werden.

Bedeutung:
Der Asowsche Zwergbarsch hat wirtschaftlich kaum eine Bedeutung.

Romanichthys valsanicola Dumitrescu, Bănărescu et Stoica, 1957. **Groppenbarsch**

Groppenbarsch. (Foto: Z. Sallai)

Beschreibung:

1. Rückenflosse mit 8-9 Stachelstrahlen, 2. Rückenflosse mit 1-2 Stachel- und 12-16 Gliederstrahlen, Afterflosse mit 1 Stachel- und 5-8 Gliederstrahlen, 58-68 Schuppen entlang der Seitenlinie, 2-3 Pylorusanhänge, 36-41 Wirbel.

Der keulenförmige Körper ist im Querschnitt fast rund. Die größte Körperhöhe beträgt 17,3-20,6 % und die kleinste Körperhöhe 8,4-9,4 % der Standardlänge. Der Kopf beträgt 26,2-27,6 % und die Schnauze 8,8-9,4 % der Standardlänge. Der Kopf ist breiter als hoch und die Augen sitzen an der Oberseite des Kopfes. Der Augenabstand ist kleiner als der Augendurchmesser der 18,9-20,5 % der Kopflänge beträgt. Die erste Rückenflosse ist kleiner als die zweite. Die Schwimmblase fehlt.

Zur Laichzeit haben manchmal beide Geschlechter an den Flossen kleine runde bis längliche Warzen, die vor allem an den paarigen Flossen und bei den Männchen stärker ausgebildet sind.

Die Oberseite ist dunkelbraun bis grau und die Unterseite hellbraun bis weiß gefärbt. Die Seiten und die Schwanzflosse sind dunkel gefleckt bis marmoriert.

Verbreitung:
Der Groppenbarsch kommt ausschließlich in einem Donauzufluss (Arges mit Vilsan und Riul Doamnei) der Ostkarpaten in Rumänien vor (43-49° Nördlicher Breite).
Er besiedelt vor allem die strömungsreichen Mittel- und Oberläufe der Flüsse. In einigen Zuflüssen ist er jedoch bereits verschwunden. Heute kommt er nur mehr im Vilsan auf wenigen Kilometer Flusslänge vor.

Lebensweise:
Über die Lebensweise des Groppenbarsches ist relativ wenig bekannt.
Die Geschlechtsreife wird mit einem Alter von etwa 2 Jahren erreicht.
Die Laichzeit erstreckt sich von Mai bis Juni.
Die etwa 120-150 klebrigen Eier je Weibchen werden im flachen Wasser an Steinen angeheftet.
Die Nahrung besteht nur aus Insektenlarven (Plecoptera, Trichoptera, Ephemeroptera, Diptera).
Das Wachstum ist sehr langsam.
Der Groppenbarsch kann bis zu 13 cm lang werden.

Bedeutung:
Der Groppenbarsch hat wirtschaftlich keine Bedeutung.
Er ist durch Wasserbaumaßnahmen und Wasserverschmutzung vom Aussterben bedroht.

Sander canadensis Griffith et Smith, 1834. **Kanadischer Zander**, Sauger

Kanadischer Zander. (Foto: P. Vecsei)

Beschreibung:

1. Rückenflosse mit 10-15 Stachelstrahlen, 2. Rückenflosse mit 1-2 Stachel- und 16-22 Gliederstrahlen, Afterflosse mit 2 Stachel- und 10-14 Gliederstrahlen, 75-100 Schuppen entlang der Seitenlinie, 6-15 + 3-6 Kiemenreusendornen, 3-9 Pylorusanhänge, 43-45 Wirbel.

Der Körper ist langgesteckt und fast drehrund. Die größte Körperhöhe (12,6-16,4 % der Gesamtlänge) wird nach der Mitte der ersten Rückenflosse erreicht. Der Kopf beträgt 18,0-26,3 % der Gesamtlänge (bei Jungfischen am längsten), und die Schnauze 27,8-31,6 % der Kopflänge. In Relation zur Kopflänge ist der Augenabstand (13,0-23,3 %, bei Jungfischen am kleinsten) gleich oder kleiner als der Augendurchmesser (17,8-25,5 %, bei Jungfischen am größten). Die Wangen und Kiemendeckel sind teilweise beschuppt. Das Maul ist mit zahlreichen Bürsten- und dazwischen mit Fangzähnen besetzt.

Die Oberseite ist braungrau und die Unterseite silbrig bis milchig-weiß gefärbt. Der Körper ist mit 3-4 dunkelbraunen oft breiten Querbinden und einigen runden Flecken versehen. Die Rückenflosse ist mit 2-3 Reihen dunkler Punkte und die Schwanzflosse mit Reihen dunkler Flecken besetzt. Die Brustflossen sind meist transparent und tragen an der Basis einen schwarzen Fleck.

Verbreitung:
Der Kanadische Zander kommt in Nordamerika westlich der Appalachen, im Norden vom Saskatchewan River und Winnipegsee, über die Zuflüsse der James Bay, dem Kesagami und Sandy Lake mit Severn River, bis zum St. Lorenzstrom und den Großen Seen, sowie vom Missouri bis zum Tennessee River im Süden vor (32-55° Nördlicher Breite).
Als Unterarten wurden *Sander c. boreum* Girard, 1858 vom Oberen Missouri River und *Sander c. griseum* Small, 1883 von den Großen Seen beschrieben, die heute jedoch oft nicht mehr anerkannt werden.
Südlich seines natürlichen Verbreitungsgebietes in den USA wurde er in einigen Gewässern (Savannah River in Georgia und Apalachicola River in Florida) künstlich eingesetzt.
Er bevorzugt durchschnittlich etwas kälteres (19-20 zu 21-23 °C) und tieferes (12-35 zu 3-12 m) Wasser als der Walleye. Besonders in trüben und fließenden Gewässern gedeiht er besser als der Walleye. Nur im St. Lorenzstrom ist er selten auch im Brackwasser anzutreffen. In Nordamerika besiedelt er etwa 133.860 km^2, rund 10 % des gesamten Süßwasserhabitats.

Lebensweise:
Die Geschlechtsreife wird bei den Männchen mit einem Alter von 2-4 Jahren und bei den Weibchen mit einem Alter von 4-8 Jahren bei einer Größe von 25-30 cm erreicht. Die Laichwanderung ist normalerweise gering. In einigen großen Flüssen (Mississippi und Yellowstone River) wandern die Laichfisch jedoch von März bis Mai bei Wassertemperaturen von 4-12 °C oft 5-350 km (durchschnittlich etwa 90 km mit rund 1 km/Tag) flussauf- oder abwärts zu den Laichplätzen und nach dem Laichen von April bis Juli wieder zu ihren Heimatgebieten. Oft werden jährlich dieselben Laichgebiete aufgesucht. Die Männchen erscheinen an den Laichplätzen meist vor den Weibchen.
Die Laichzeit erstreckt sich über zwei Wochen von April bis Juni bei Wassertemperaturen von 5-13 °C, meist direkt nach der Laichzeit des Walleye.

Es wird kein Nest gebaut, sondern die kaum klebrigen 1,0-1,9 mm großen, 20.000-100.000 Eier/kg Körpergewicht über Schotter oder Geröll meist in der Nacht in einer Tiefe von 0,6-5,5 m bei einer Strömungsgeschwindigkeit von 0,3-1,0 m/s verstreut abgelegt. Dabei wird das Weibchen oft von ein oder mehreren kleineren Männchen begleitet. Gelegentlich treten auch Hybriden mit dem Walleye auf. Brutpflege wird keine betrieben.
Bei einer Wassertemperatur von 8-13 °C schlüpfen die 4,5-6,2 mm großen Larven nach etwa 9-21 Tagen. Nach weiteren 5-9 Tagen, die am Boden verbracht werden, beginnt die aktive Nahrungsaufnahme. Anschließend driften die Larven mit der Stömung flussabwärts.
Der Sauger ist überwiegend nachtaktiv.
Die Nahrung besteht anfangs hauptsächlich aus Zooplankton (*Daphnia, Diaptomus, Cyclops, Leptodora*) und Insektenlarven, später auch aus anderen Krebsen und ab einer Größe von 7-11 cm hauptsächlich aus Fischen (*Alosa, Aplodinotus, Cottus, Dorosoma, Gasterosteus, Ictalurus, Lota, Morone, Notropis, Noturus, Perca, Percopsis, Pomoxis, Sander*), sowie seltener aus Würmern. Dabei überwiegen bei wärmeren Wassertemperaturen kleinere Fische.
Das Wachstum ist im Süden schneller als im Norden, generell aber langsamer als beim Walleye. Er erreicht im Winnebagosee durchschnittlich im Alter von 1 Jahr 12-14 cm (9-14 g), mit 2 Jahren 23-25 cm (90-105 g), mit 3 Jahren 29-31 cm (195-205 g), mit 4 Jahren 32-34 cm (260-270 g), mit 5 Jahren 35-37 cm (310-330 g), mit 6 Jahren 38-40 cm (370-390 g), mit 7 Jahren 40-42 cm (420-430 g) und mit 8 Jahren 41-43 cm (470-490 g). Die Weibchen wachsen etwas schneller und werden auch größer und älter als die Männchen.
Der Kanadische Zander kann bis zu 70 cm lang, 4 kg schwer und 13 Jahre alt werden.

Bedeutung:
Der Kanadische Zander hat eine relativ große wirtschaftliche Bedeutung, vor allem in Kanada. Der Fang erfolgt meist mit Kiemennetzen. Vermarktet wird er oft als frisches oder gefrostetes Filet. Angelfischereilich wird er meist in der Nacht mit künstlichen oder natürlichen Ködern (Köderfisch) gefangen.
In Kanada betrugen die jährlichen Fänge in den 1950er Jahren 1.800-2.500 t (durchschnittlich 2.000 t), 1960er Jahren 1.200-2.400 t (durchschnittlich 1.810 t), 1970er Jahren 300-1.900 t (durchschnittlich 1.370 t), und in den 2000er Jahren 130-780 t (durchschnittlich 480 t).
Mitte der 2000er Jahre wurden rund 28 Mio. Fische in den USA besetzt.

Sander lucioperca Linnaeus, 1758. **Gemeiner Zander,** Hechtbarsch

Gemeiner Zander. (Foto: M. Hochleithner)

Beschreibung:

1. Rückenflosse mit 11-17 Stachelstrahlen, 2. Rückenflosse mit 1-3 Stachel- und 16-27 Gliederstrahlen, Afterflosse mit 1-3 Stachel- und 9-14 Gliederstrahlen, 75-105 Schuppen entlang der Seitenlinie, 10-17 Kiemenreusendornen, 4-9 Pylorusanhänge, 40-48 Wirbel.

Der Körper ist langgestreckt mit zugespitztem Kopf. Die größte Körperhöhe (16-20 % der Gesamtlänge) wird vor der ersten Rückenflosse erreicht. Der Kopf beträgt 25-27 % der Gesamtlänge. Der Augenabstand ist gleich oder kleiner als der Augendurchmesser, der unter 18 % der Kopflänge beträgt. Die Wangen sind nicht oder nur im oberen Teil und die Kiemendeckel teilweise oder ganz beschuppt. Das Maul ist mit zahlreichen Bürsten- und dazwischen mit Fangzähnen besetzt.

Bei den Männchen sind die paarigen Flossen oft etwas länger als bei den Weibchen.

Die Oberseite ist graubraun bis grüngrau, die Unterseite ist silbergrau bis weiß gefärbt und nur bei den Männchen zur Laichzeit blaugrau marmoriert. Am Körper befinden sich 8-13 schwarzbraune Querbinden, die sich im Alter oft zu Flecken oder meist ganz auflösen. Die Rückenflossen sind mit dunklen Punktreihen und die Schwanzflosse mit kleinen schwarzen Flecken besetzt. Die unteren Flossen sind gelbgrau bis weiß.

Verbreitung:
Der Gemeine Zander kommt in Europa natürlicherweise von der Elbe und Donau ostwärts vor (36-67° Nördlicher Breite). Sein natürliches Verbreitungsgebiet erstreckt sich von den Flüssen und Seen, die in die Ostsee münden, über das Schwarze, Asowsche und Kaspische Meer bis zum Aralsee.
Durch Besatzmaßnahmen ist der Zander mit Erfolg weiter nördlich und westlich verbreitet worden, so z. B. seit den 1870er Jahren in England, den 1880er Jahren in Rhein, Main und Bodensee, den 1890er Jahren in Sim-, Seehamer- und Osterseen, den 1900er Jahren im Chiem-, Staffel, Soyen- und Wagingersee, und zahlreichen anderen Gewässern, wo er heute von wirtschaftlicher Bedeutung ist. Auch in Frankreich, Spanien, Marokko, Algerien und Tunesien wurde er mit Erfolg eingebürgert.
Der Zander liebt vor allem sommertrübe (Sichttiefe 1-2 m), wärmere Gewässer mit einer Tiefe von 3-20 m, hartem Grund und meidet dichte Pflanzenbestände, sowie die Uferzonen und Sauerstoffgehalte unter 3,5 mg/l. In der Ostsee und dem Aralsee, sowie im nördlichen Kaspischen, Schwarzen und Asowschen Meer kommt er auch im Brackwasser vor.

Lebensweise:
Die Geschlechtsreife wird bei den Männchen mit 2-4 Jahren und einer Größe von 30-40 cm und bei den Weibchen mit 3-5 Jahren und einer Größe von 40-45 cm sowie einem Gewicht von 300-900 g erreicht.
Im Asowschen und Kaspischen Meer, sowie im Aralsee und in der Ostsee sind auch wandernde Formen bekannt, die sich im Frühjahr und Herbst im Mündungsbereich der Flüsse (Don und Kuban sowie Kura, Wolga und Ural etc.) konzentrieren, teilweise an den tieferen Stellen überwintern und etwa ein Monat vor dem Ablaichen 10-300 km in die Flüsse aufsteigen (im Kuban früher als im Don) und im Mündungsbereich oder in Buchten laichen. In Ostsee und Aralsee, sowie Asowschen Meer laicht er gelegentlich im Brackwasser (bis 7 ‰).
Die Laichzeit erstreckt sich über 10-20 Tage, je nach Verbreitungsgebiet, von März bis Juli bei Wassertemperaturen von 8-16 °C.

Die älteren und größeren Fische laichen meist früher als die jüngeren. Zum Laichen werden meist jährlich die gleichen Laichgründe aufgesucht. Das Männchen wählt einen Laichplatz über festem Grund und Wurzeln (Weiden, Erlen, Seggen, Schilf) bevorzugt in einer Tiefe von 1-3 m aus. Es befreit durch fächelnde Bewegungen des Schwanzes eine seiner Körperlänge entsprechende Fläche von Schlamm und Ablagerungen. Dieses „Nest" hat einen Durchmesser von 30-80 cm, eine Tiefe von 5-7 cm und wird gegen Eindringlinge verteidigt. Am frühen Morgen versucht das Männchen dann durch zitternde Schüttelbewegungen des Kopfes das Weibchen zum Nest zu locken. Nun beginnt das 30-90 Minuten dauernde Laichspiel bei dem sich paarweise die nebeneinander entgegengerichtet stehenden Fische langsam über dem Nest horizontal, kreisförmig drehen und nach einigen Minuten stets die Richtung ändern. Während der letzten 10-15 Minuten gibt der Rogner 50.000-480.000, im Durchschnitt 150.000-200.000 Eier/kg Körpergewicht ab, die vom Milchner befruchtet werden und sofort am Untergrund festkleben. Die Befruchtungsrate beträgt normalerweise 85-95 %. Kleben die Eier aber zu dicht bzw. übereinander, so gehen viele an Sauerstoffmangel ein oder verpilzen. Die Eier haben ungequollen einen Durchmesser von 0,6-1,3 mm und gequollen 0,8-1,7 mm. Das Männchen bewacht die Eier (etwa 4-8 Tage) bis zum Schlupf, und fächelt ihnen mit den Brustflossen Frischwasser zu, bis sie nach 55-110 Tagesgraden schlüpfen.

Die 4-6 mm langen und 0,3-0,5 mg schweren frisch geschlüpften, unpigmentierten Larven unternehmen Vertikalwanderungen, d.h. sie schwimmen zur Oberfläche und sinken wieder auf den Grund, wo sie sich ausruhen. Nach dem 3. bis 4. Tag setzt die Pigmentierung der Augen und dann die des Kopfes und des Rückens ein. Anschließend bilden sich Mundspalte und Darmöffnung aus, und es kommt zur Schwarm-bildung. Nach 5 7 Tagen ist der Dottersack aufgezehrt, die Larven halten sich nun an der Wasseroberfläche auf und die aktive Nahrungs-aufnahme beginnt.

Der tägliche Aktionsradius ist, mit Ausnahme der Wanderungen zu den Laich- und Winterungsplätzen, relativ gering. Zander mit einer Länge von unter 30 cm wandern meist weniger als 2 km, Zander mit einer Länge über 30 cm bis zu 5 km.

Die erste Nahrung besteht aus Rädertierchen und vor allem Copepoden-Nauplien mit einer Größe von 50-120 µm. Dabei werden pro Tag bis zu 150 Stück gefressen. Das Auge spielt bei der Nahrungssuche eine wesentliche Rolle. In den ersten Tagen werden Nährtiere höchstens in 1 cm Entfernung wahrgenommen.

Nach 20-30 Tagen werden auch größere Planktonkrebse (*Bosmina, Chydorus, Cyclops, Daphnia, Diapthomus, Leptodora, Moina, Mysis, Neomysis*) gefressen. Im Alter von 4-8 Wochen, bei einer Größe von 4-6 cm (nach Abwärtswanderung der Wanderform ins Meer) geht der Zander auf Fischnahrung über und es kann zu Kannibalismus kommen. Er kann sich aber auch das gesamte erste Jahr von Zooplankton und Insektenlarven (*Chironomus, Glyptotendipes, Endochironomus, Corethra, Cloeon*) ernähren. Die Nahrung besteht später hauptsächlich aus Fischen (*Abramis, Alburnus, Atherina, Blicca, Benthophilus, Carassius, Coregonus, Clupea, Clupeonella, Engraulis, Gobius, Gymnocephalus, Neogobius, Osmerus, Perca, Percarina, Pomatoschistus, Rutilus, Scardinius, Sprattus, Tinca, Trachurus*).
Das verhältnismäßig kleine Maul und der wenig dehnungsfähige Magen erlauben dem Zander nur relativ kleine Fische zu fressen (max. 40 % seiner Länge oder 10 % seines Gewichtes). Von hochrückigen Fischarten werden lediglich kleinere Exemplare verzehrt. Harte Flossenstrahlen der Beutefische stören ihn jedoch wenig.
Die Beutefische werden insbesondere von den größeren Fischen oft von der Seite gefasst und durch Schüttelbewegung des Kopfes so gedreht, dass sie in Längsrichtung (vor- oder rückwärts) verschlungen werden können. Der jährliche Fischkonsum beträgt etwa das 6-7 fache des eigenen Gewichts. Die Jagd erfolgt überwiegend in der Dämmerung im freien Wasser, in kleineren Gruppen oder bei älteren Fischen auch alleine. Der Zander frisst, wenn auch weniger, auch im Winter, nicht jedoch während der Laichzeit.
Das Wachstum ist schnell, je nach Lebensraum und Nahrungsangebot jedoch sehr unterschiedlich. Im Kuban ist das Wachstum wesentlich schneller, die Laichzeit etwa zwei Wochen früher und die Eizahl höher als im Don. Unter guten Ernährungsverhältnissen übertrifft nach Erreichen der Geschlechtsreife der Jahreszuwachs der Rogner den der Milchner um 10-15 %.
Der Gemeine Zander kann bis zu 130 cm lang, 18 kg schwer und 20 Jahre alt werden.

Bedeutung:
Der Gemeine Zander hat wirtschaftlich eine große Bedeutung. Im Asowschen Meer ist er sogar die wirtschaftlich wichtigste Fischart.
Die Fischerei erfolgt mit verschiedenen Reusen, Zug-, Schlepp- und Kiemennetzen mit einer Maschenweite von 60-100 mm, sowie gelegentlich mit ca. 300 m langen Legleinen, die im Abstand von etwa 15 m einen meist mit einem Fisch beköderten Angelhaken besitzen.

Der überwiegende Teil wird meist filetiert und gefrostet, sowie in geringerem Umfang auch eingesalzen und getrocknet vermarktet. In den Staaten der GUS werden auch die Gonaden eingesalzen und getrocknet (Galagan).
Der durchschnittliche Jahresfang an Zander in der UdSSR betrug Mitte bis Ende der 1930er Jahre 85.000-132.300 t, so am Aralsee 590-700 t, am Kaspischen Meer 36.310-55.690 t, am Asowschen Meer 30.110-73.700 t und am Schwarzen Meer 330-810 t.
Der jährliche weltweite Gesamtfang betrug durchschnittlich in den 1950er Jahren 41.859 t (UdSSR 39.260 t, Finnland 643 t, Türkei 400 t), in den 1960er Jahren 34.342 t (UdSSR 31.100 t, Finnland 850 t, Türkei 289 t), in den 1970er Jahren 29.775 t (UdSSR 25.140 t, Finnland 958 t, Türkei 856 t), in den 1980er Jahren 22.095 t (UdSSR/GUS 16.550 t, Finnland 1.417 t, Türkei 1.910 t), in den 1990er Jahren 22.744 t (GUS 13.152 t, Finnland 2.440 t, Türkei 3.606 t), und in den 2000er Jahren 17.423 t (Russland 4.653 t, Kasachstan 3.470 t, Finnland 2.704 t, Türkei 1.632 t, Estland 976 t, Ukraine 819 t, Schweden 470 t, Polen 429 t, Deutschland 420 t).
Am Plattensee stiegen die jährlichen Fänge von rund 80 t Anfang der 1900er Jahre auf etwa 160 t Ende der 1930er Jahre, reduzierten sich auf rund 120 t Ende der 1940er bis Anfang der 1970er Jahre und fielen auf 45 t Anfang der 1980er Jahre. Anfang der 1990er Jahre haben sich die Fänge wieder etwas erhöht.
Im Bodensee (Obersee), wo der Zander Ende des 19. Jahrhunderts eingebürgert wurde, stiegen die Fänge bis in die 1950er Jahre kontinuierlich bis auf etwa 10 t/Jahr (0,2 kg/ha) an. Von den Berufsfischern wurden dort in den 1980er Jahren 1-14 t (durchschnittlich 4 t), in den 1990er Jahren 6-22 t (durchschnittlich 11 t), und in den 2000er Jahren 6-17 t (durchschnittlich 9 t) jährlich gefangen.
Der Zander ist auch ein beliebtes Fangobjekt der Angelfischer. Dabei wird er meist mit künstlichen eher hellen (Blinker, Spinner, Twister, Jigs) oder natürlichen toten Ködern (Köderfisch) bei Dämmerlicht während den frühen Morgen- und späten Abendstunden (5-6 und 21-22 Uhr) gefangen.
In Europa wird er seit vielen Jahren auch in der Aquakultur (Teichen) zum Besatzfisch gezogen (in den 2000er Jahren ca. 290 t/Jahr), wobei hauptsächlich 1-2 sömmerige Setzlinge erzeugt werden. So wird der Zander in Böhmen schon seit den 1780er Jahre als Nebenfisch in Karpfenteichen erzeugt und seit den 1880er Jahren auch künstlich vermehrt. Am Plattensee wurden bereits Anfang der 1950er Jahre in einer Brutanlage jährlich etwa 15-23 Millionen Zandereier erbrütet.

Sander marinus Cuvier, 1828. **Meerzander**

Meerzander. (Foto: V.B. Salnikov)

Beschreibung:

1. Rückenflosse mit 12-14 Stachelstrahlen, 2. Rückenflosse mit 1-4 Stachel- und 12-18 Gliederstrahlen, Afterflosse mit 2-3 Stachel- und 9-12 Gliederstrahlen, 75-88 Schuppen entlang der Seitenlinie, 12-20 + 11-17 Kiemenreusendornen, 5-7 Pylorusanhänge, 38-44 Wirbel.

Der Körper ist hochrückiger und die Schnauze länger als beim Gemeinen Zander. Der Augenabstand ist viel größer als der Augendurchmesser. Die Wangen sind nicht oder nur schwach und die Kiemendeckel komplett oder nur im oberen Teil beschuppt. Das Maul ist mit zahlreichen Bürsten- und dazwischen mit Fangzähnen besetzt.

Die Oberseite ist blaugrau bis grünbraun und die Unterseite silbergrau bis weiß gefärbt. Der Körper ist mit 12-16 dunklen, meist undeutlichen Querbinden versehen, die jedoch auch fehlen können. Die Flossen sind gelbgrau bis schwarz. Die erste Rückenflosse hat am Ende oft einen schwarzen Fleck. Insgesamt ist er meist heller gefärbt als der Gemeine Zander.

Verbreitung:
Der Meerzander kommt entlang der nordwestlichen Küstengebiete am Schwarzen Meer sowie der südlichen Küstengebiete des Kaspischen Meeres vor (36-48° Nördlicher Breite).
Im Südkaspischen Meer sind einige lokale Populationen bekannt, die sich auch morphologisch etwas unterscheiden.
Er bevorzugt steinigen Grund und einen Salzgehalt bis 13 ‰.

Lebensweise:
Die Geschlechtsreife wird mit einem Alter von 2-4 Jahren bei einer Größe von 20-30 cm erreicht.
Zur Laichzeit wandern die Laichfische in den Uferbereich und steigen nur im Schwarzen Meer gelegentlich ins Brackwasser der Flüsse (Bug und Dnjepr) auf.
Die Laichzeit erstreckt sich von April bis Mai bei Wassertemperaturen von 10-17 °C.
Die 13.000-126.000 Eier mit einem Durchmesser von 2,6-3,8 mm werden vom Weibchen überwiegend im Salzwasser, seltener auch im Süßwasser, in nestartige Vertiefungen über Steinen, Pflanzen oder Wurzeln in einer Tiefe von 3-12 m abgelegt und vom Männchen befruchtet und anschließend bewacht. Die Erbrütungsdauer bis zum Schlupf beträgt bei einer Wassertemperatur von 14-15 °C rund 12-17 Tage.
Der Meerzander unternimmt selten größere Wanderungen und kommt (im Winter) bis in eine Tiefe von 30-100 m vor.
Die Nahrung besteht hauptsächlich aus Fischen (*Gobiidae, Clupeidae, Atherinidae*) und Krebsen.
Das Wachstum ist langsamer als beim Gemeinen Zander.
Der Meerzander kann bis zu 65 cm lang, 2,5 kg schwer und 12 Jahre alt werden.

Bedeutung:
Der Meerzander ist stellenweise von wirtschaftlicher Bedeutung.
Der jährliche Fang betrug Anfang der 1910er Jahre etwa 1.900 t (2.271.000 Stück) in Turkmenistan und Ende der 1920er bis Anfang der 1930er Jahre 700-1.300 t in Aserbeidschan.
Wegen der Wasserverschmutzung durch die Ölförderung im Kaspischen Meer ist der Bestand seit den 1970er Jahren stark zurückgegangen.

Sander vitreus Mitchill, 1818. **Amerikanischer Zander**, Walleye

Amerikanischer Zander. (Foto: P. Vecsei)

Beschreibung:

1. Rückenflosse mit 11-16 Stachelstrahlen, 2. Rückenflosse mit 1-2 Stachel- und 13-23 Gliederstrahlen, Afterflosse mit 2-3 Stachel- und 10-14 Gliederstrahlen, 77-108 Schuppen entlang der Seitenlinie, 6-15 + 4-8 Kiemenreusendornen, 3-4 Pylorusanhänge, 44-48 Wirbel.

Der Körper ist langgesteckt und seitlich zusammengedrückt. Die größte Körperhöhe (12,5-19,3 % der Gesamtlänge) wird vor Mitte der ersten Rückenflosse erreicht. Der Kopf beträgt 23,8-28,4 % der Gesamtlänge (bei Jungfischen am längsten), und die Schnauze 25,3-33,5 % der Kopflänge. In Relation zur Kopflänge ist der Augenabstand (15,7-21,5 %, bei Jungfischen am kleinsten) gleich oder kleiner als der Augendurchmesser (16,1-26,7 %, bei Jungfischen am größten). Die Wangen und Kiemendeckel sind nicht oder nur im oberen Teil beschuppt. Das Maul ist mit zahlreichen Bürsten- und dazwischen mit Fangzähnen besetzt.

Die Oberseite ist olivgrün bis gelbbraun und die Unterseite gelblich bis milchig-weiß gefärbt. Bei vielen Populationen können auch blaugraue Farbvarianten vorkommen. Die Jungfische haben meist 4-14 dunkle

Querbinden die im Alter verschwinden. Die erste Rückenflosse ist dunkel gesprenkelt und hat am Ende einen schwarzen Fleck, die zweite Rücken- und die Schwanzflosse ist mit Reihen feiner dunkler Punkte versehen. Die Brustflossen sind gelbgrün und tragen an der Basis einen dunklen Fleck. Die Bauchflossen sind gelborange bis weiß gefärbt.
Im Lake Erie und Ontario (und eventuell Lake Nipissing) kamen früher auch sogenannte Blaue Walleyes vor, die schon als Unterart *Sander v. glaucus* Hubbs, 1926 beschrieben wurden, heute jedoch vermutlich ausgestorben sind. Diese waren stahlblau am Rücken, eisblau an den Seiten und silbrig bis weiß am Bauch. Sie hatten durchschnittlich einen etwas längeren (27,9-40,7 zu 28,9-32,2 % der Standardlänge) aber schmäleren Kopf (32,1-44,0 zu 34,3-55,0 % der Standardlänge), kleinere Augen (16,6-25,9 zu 17,4-26,4 % der Kopflänge) und einen geringeren Augenabstand (11,2-17,2 zu 12,8-17,3 % der Kopflänge), sowie ein geringeres Wachstum und unterschieden sich in der späteren Laichzeit und im tieferen Laichgebiet, jedoch nicht genetisch.

Verbreitung:
Der Amerikanische Zander kommt in Nordamerika, östlich der Rocky Mountains und westlich der Appalachen, im Norden vom Mackenzie River mit Großen Bären- und Sklavensee, den Zuflüssen der Hudson Bay, über den St. Lorenzstrom mit Großen Seen, sowie vom Missouri bis zum Alabama River im Süden vor (35-55° Nördlicher Breite).
In Flusssystemen der Atlantikküste, von Pennsylvania bis South Carolina, soll ebenfalls eine ursprüngliche Population vorkommen. Wo natürliche Hindernisse seine Verbreitung verhinderten wurde der Walleye in zahlreichen Gewässern der USA eingebürgert, so in den 1980er Jahren in den Columbia River, wo er mittlerweile für die Angelfischerei von Bedeutung ist. Ein Einbürgerungsversuch im Jahre 1925 in Großbritannien schlug fehl.

Lebensweise:
Die Geschlechtsreife wird bei den Männchen mit einem Alter von 2-6 Jahren und bei den Weibchen mit einem Alter von 3-9 Jahren bei einer Größe von 25-45 cm erreicht. Vor und während der Laichzeit sind die Männchen meist aktiver als die Weibchen. Die Laichwanderung beginnt, wenn die Flüsse eisfrei werden und der See oft noch zugefroren ist (1-7 °C). Dabei erreichen die Männchen vor den Weibchen und die größeren Fische vor den kleineren die Laichgebiete, welche oft jährlich dieselben felsigen Stellen hinter Wasserfällen und Dämmen, überschwemmte Sümpfe an Flüssen oder Geröll und Schotterhalden in Seen sind.

Die Laichzeit erstreckt sich über 1-4 Wochen von Februar bis Juni, je nach Verbreitungsgebiet, im Süden früher als im Norden und beginnt oft nach dem Eisbruch bei einer Wassertemperatur von 4-14 °C. Die Laichabgabe erfolgt meist in der Nacht, in Gruppen von 1-2 Weibchen und 1-6 Männchen, in einer Tiefe von 0,3-1,2 m bei einer Strömungsgeschwindigkeit von 0,2-2,0 m/s. Es wird kein Nest gebaut und die Männchen zeigen kein Territorialverhalten. Dem Ablaichen geht ein aufgeregtes gegenseitiges Verfolgen, Stoßen und kreisförmiges Schwimmen voraus. Die laichbereite Gruppe schwimmt dann zur Wasseroberfläche, wo die Weibchen den Großteil der Eier meist binnen kurzer Zeit verstreut ablegen, die von den Männchen befruchtet werden. Die 20.000-140.000, im Mittel 50.000-80.000 Eier/kg Körpergewicht, mit einem Durchmesser von 1,3-2,1 mm sind 1-5 h nach der Quellung nicht klebrig und verteilen sich im Substrat. Brutpflege wird keine betrieben. Die 4,8-8,6 mm großen Larven schlüpfen bei einer Wassertemperatur von 8-13 °C nach 10-20 Tagen (210 Tagesgrade), bis sie nach weiteren 7-14 Tagen bei einer Größe von 6,0-9,5 mm ihren Dottersack aufgezehrt haben und im freien Wasser in die oberen Wasserschichten wandern. Die Eier und Brütlinge werden gelegentlich von Barschen und Koppen gefressen. Die Jungfische halten sich ab einer Größe von 25-35 mm in Ufernähe in einer Tiefe von 3-9 m auf. Später erfolgt die Wanderung meist in losen Gruppen von einzelnen bis hunderten Tieren unterschiedlicher Altersklassen bis zu 3 km/Tag und beträgt im Sommer oft nur 6-9 km; kann aber, vor allem zur Laichzeit, auch bis zu 160 km betragen. Er ist überwiegend dämmerungsaktiv.

Die Nahrung besteht anfangs hauptsächlich aus Zooplankton (*Asplanchna, Bosmina, Brachionus, Cyclops, Daphnia, Diaptomus, Epischura, Euchlanis, Keratella, Leptodora*), ab einer Größe von 1-3 cm auch aus Insektenlarven, sowie ab einer Größe von 5-8 cm vor allem aus Fischen (*Alosa, Ambloplites, Aplodinotus, Catostomus, Coregonus, Cottus, Dorosoma, Etheostoma, Fundulus, Hiodon, Ictalurus, Lepomis, Lota, Micropterus, Morone, Notropis, Osmerus, Perca, Percina, Percopsis, Pimephales, Pomoxis, Pungitius, Sander*). Wenn diese nicht verfügbar sind, auch aus Krebsen, Würmern und Schnecken, sowie selten aus Fröschen, Schlangen und Kleinsäugern. Ein Teil (ca. 5 %) der Fische ist auch kannibalisch (Längendifferenz bis 60 %). Die bevorzugte Beutefischlänge liegt bei etwa 30-40 % des Walleyes. Er frisst auch im Winter, zwar weniger, nicht jedoch während der Laichzeit.

Das Wachstum ist relativ schnell und temperaturabhängig, im Süden schneller als im Norden. Er erreicht im Mississippi River durchschnittlich im Alter von 1 Jahr 19-20 cm (85 g), mit 2 Jahren 28-30 cm (240 g), mit

3 Jahren 35-36 cm (430 g), mit 4 Jahren 42-43 cm (845 g), mit 5 Jahren 47-48 cm (1.160 g), mit 6 Jahren 47-49 cm (1.250 g), mit 7 Jahren 52-53 cm (1.510 g) und mit 8 Jahren 60-61 cm (2.650 g). Die Weibchen wachsen um 5-20 % schneller und werden auch größer und älter als die Männchen.
Der Amerikanische Zander kann bis zu 110 cm lang, 11 kg schwer und 23 Jahre alt werden.

Bedeutung:
Der Amerikanische Zander hat eine große wirtschaftliche Bedeutung, vor allem in Kanada. Der Fang erfolgt mit Kiemennetzen und Reusen, sowie durch die Angelfischerei. Das Fleisch wird gerne filetiert und gefrostet und mittlerweile auch auf dem europäischen Markt angeboten.
Die jährlichen Fänge schwankten in Kanada von den 1920er bis 1960er Jahren stark und gipfelten 1956 mit einem Höchstfang von 9.520 t wobei etwa die Hälfte vom Lake Erie stammte bzw. im gesamten See (Kanadischer und Amerikanischer Teil) 10.880 t gefangen wurden.
Der Gesamtfang betrug jährlich durchschnittlich in den 1950er Jahren 7.650 t in Kanada und 3.755 t in den USA, in den 1960er Jahren 5.250 t in Kanada und 3.823 t in den USA, in den 1970er Jahren 3.978 t in Kanada und 1.748 t in den USA, und in Kanada in den 1980er Jahren 5.913 t, in den 1990er Jahren 7.819 t, und in den 2000er Jahren 8.145 t.
Von der in den 1960er Jahren jährlich gefangenen Menge stammten durchschnittlich 993 t aus den Großen Seen (10 % Superior, 2 % Michigan, 19 % Huron, 11 % St. Clair, 55 % Erie, 3 % Ontario) und der Rest aus anderen Seen. In Kanada wurden Mitte der 1990er Jahre etwa 7.955 t gefangen, wobei 62 % aus Ontario, 31 % aus Manitoba, 6 % aus Saskatchewan und 1 % aus Alberta stammten.
Die höchsten Fänge werden bei einer Wassertemperatur von 13-20 °C und einer Lichtstärke von 10-70 Lux (in einer Wassertiefe von 12-17 m in klaren Seen bzw. 4-5 m in trüben Seen) erreicht.
Angelfischereilich wird der Walleye meist mit künstlichen (Blinker, Spinner, Jigs) oder natürlichen Ködern (Köderfisch), bei Dämmerlicht (unter 400 Lux) während Sonnenauf- und -untergang, gefangen.
Der Amerikanische Zander wird in Nordamerika seit 1877 auch künstlich vermehrt. Mitte der 2000er Jahre wurden eine Milliarde Fische (95 % Brut) in etwa 2000 Gewässern (90 % USA) besetzt. Die Besatzmenge schwankt, je nach Besatzgröße und Gewässerfläche (größere weniger als kleinere) zwischen 2.000-5.000 und 10.000-20.000 St./ha bei Brut bzw. 20-50 und 100-200 St./ha bei Setzlingen, wobei die Überlebensrate vom Setzlingen zum fangfähigen Fisch etwa 10 % beträgt.

Sander volgensis Gmelin, 1789. **Wolgazander**, Steinzander

Wolgazander. (Foto: A. Specziár)

Beschreibung:

1. Rückenflosse mit 10-16 Stachelstrahlen, 2. Rückenflosse mit 1-2 Stachel- und 20-22 Gliederstrahlen, Afterflosse mit 2-3 Stachel- und 9-10 Gliederstrahlen, 66-83 Schuppen entlang der Seitenlinie, 15-20 Kiemenreusendornen, 3 Pylorusanhänge, 42-44 Wirbel.

Der Körper und Kopf ist gedrungener mit langer, spitzer Schnauze und kürzerer Mundspalte, sowie höherer Rückenflosse und kürzerer Afterflosse als beim Gemeinen Zander. Die größte Körperhöhe (22-30 % der Gesamtlänge) wird vor der ersten Rückenflosse erreicht. Der Kopf beträgt 22-33 % der Gesamtlänge. Der Augenabstand ist kleiner als der Augendurchmesser, der über 18 % der Kopflänge beträgt. Die Wangen und Kiemendeckel sind komplett beschuppt. Das Maul ist mit zahlreichen Bürstenzähnen besetzt, die Fangzähne fehlen (ausgenommen bei Jungfischen).

Bei den Männchen sind die paarigen Flossen oft etwas länger als bei den Weibchen.

Die Oberseite ist graugrün bis dunkelgrau und die Unterseite silberweiß gefärbt. Der Körper ist mit 5-8 braungrauen Querbinden versehen, die sich im Alter jedoch nicht auflösen, sondern nur etwas verwaschen werden. Die Rücken- und Schwanzflosse ist mit schwarzen, meist in Längsrichtung angeordneten, kleinen Flecken besetzt. Die paarigen Flossen und Afterflosse sind gelbgrau bis weiß gefärbt.

Verbreitung:
Der Wolgazander kommt ausschließlich in den größeren nördlichen Flüssen des Kaspischen- (Wolga und Ural), Asowschen- (Don) und Schwarzen Meeres (Bug, Dnjepr, Dnjestr, und Donau bis über Linz und die größeren Zuflüsse wie Theiß, Nitra, Waag, March und Sió, sowie im etwa 600 km^2 großen Plattensee) vor (43-50° Nördlicher Breite). Nur selten ist er auch im Brackwasser (Wolgadelta) anzutreffen.

Lebensweise:
Die Geschlechtsreife wird mit einem Alter von 3-4 Jahren, bei den Männchen mit 16-29 cm und bei den Weibchen mit 20-30 cm erreicht.
Am Kaspischen Meer wandert er im Frühjahr zum Laichen und im Herbst zum Überwintern in die Flüsse (Wolga).
Die Laichzeit erstreckt sich von April bis Mai bei Wassertemperaturen von 10-22 °C. Die 100.000-450.000 Eier/kg Körpergewicht werden meist nicht alle auf einmal, sondern in mehreren (meist 2-3) Etappen, in nestartige Vertiefungen zwischen Steinen oder Pflanzen in einer Tiefe von 1-2 m abgelegt. Die Eier haben einen Durchmesser von 0,6-0,7 mm ungequollen und gequollen 1,0-1,2 mm. Die Erbrütungsdauer beträgt bei einer Wassertemperatur von 18 °C etwa 3-4 Tage bis zum Schlupf und weitere 3-4 Tage bis zur aktiven Nahrungsaufnahme. Die frisch geschlüpften Larven haben eine Größe von 3,1-3,5 mm.
Die Nahrung besteht anfangs aus Zooplankton, später aus Insektenlarven, Krebsen und kleinen Fischen. Er frisst auch im Winter.
Das Wachstum ist langsamer als beim Gemeinen Zander. Er erreicht in der Wolga durchschnittlich im Alter von 1 Jahr 10 g, mit 2 Jahren 50 g, mit 3 Jahren 125 g, mit 4 Jahren 230 g, mit 5 Jahren 370 g, mit 6 Jahren 450 g, mit 7 Jahren 640 g, mit 8 Jahren 780 g und mit 9 Jahren 1.080 g.
Der Wolgazander kann bis zu 50 cm lang, 2 kg schwer und 12 Jahre alt werden.

Bedeutung:
Der Wolgazander hat wirtschaftlich eine geringe Bedeutung. Er wird jedoch in Wolga, Don und Dnjepr, sowie im Plattensee gefangen.

Zingel asper Linnaeus, 1758. **Apron**

Apron. (Foto: M. Bejean)

Beschreibung:

1. Rückenflosse mit 8-12 Stachelstrahlen, 2. Rückenflosse mit 1-2 Stachel- und 10-14 Gliederstrahlen, Afterflosse mit 1-3 Stachel- und 8-12 Gliederstrahlen, 55-74 Schuppen entlang der Seitenlinie, 9-11 Kiemenreusendornen, 42-45 Wirbel.

Der Körper ist langgestreckt und im Querschnitt fast rund. Der drehrunde Schwanzstiel ist kürzer als der Ansatz der zweiten Rückenflosse. Die Schwimmblase ist etwas reduziert.

Die Oberseite ist gelbbraun und die Unterseite gelbbraun bis weißgrau gefärbt. Der Körper ist mit 3-4 dunklen, unregelmäßigen, schrägen Querbändern versehen. Die Flossen sind gelbbraun und ungefleckt.

Verbreitung:

Der Apron kommt nur im Flusssystem der Rhône mit den Zuflüssen Durance, Gardon, Ouvèze, Cèze, Eygues, Ardèche, Drôme, Isère, Ain und Saône in Frankreich sowie im Doubs in der Schweiz vor (43-49° Nördlicher Breite).

Er bevorzugt gut strukturierte Fließgewässer mit einem mittleren Abfluss von über 5 m^3/s und hält sich gerne in strömungsberuhigten Stellen, hinter größeren Steinen über nicht kolmatiertem, unbewachsenem, kiesigem Grund in einer Tiefe von mindestens 1 m auf.

Lebensweise:

Über den Apron ist relativ wenig bekannt, in der Lebensweise dürfte er aber dem Zingel sehr ähnlich sein, dem er auch nahe steht. Vor dem Pliozän war nämlich der Doubs über die Aare mit der Donau verbunden. Mit der Faltung des Jura Gebirges wurde der Doubs von der Aare abgeschnitten und entwässert seitdem in die Rhône.

Die Geschlechtsreife wird mit einem Alter von 2-4 Jahren erreicht.

Die Laichzeit erstreckt sich von Februar bis April bei Wassertemperaturen von 9-14 °C. Die Laichabgabe erfolgt vorzugsweise in einer Tiefe von 20-30 cm bei einer Strömungsgeschwindigkeit von 0,2-0,4 m/s. Die Entwicklung der etwa 1.000-6.000 klebrigen Eier mit einem Durchmesser von 2,1-2,3 mm dauert bei einer Wassertemperatur von 13-14 °C etwa 13-15 Tage. Die frisch geschlüpften, 7-8 mm langen Larven halten sich in ruhigen Zonen nahe der Wasseroberfläche auf. Die aktive Nahrungsaufnahme beginnt nach etwa 1-2 Wochen. Nach 7 Wochen mit einer Größe von 1,5-2,5 cm gehen die Jungfische zu einer bodenorientierten Lebensweise über und ähneln den adulten.

Die Nahrung besteht anfangs hauptsächlich aus Zooplankton, später vor allem aus Insektenlarven (*Simulidae, Chironomidae, Baetidae, Hydropsychidae, Heptageneidae*), sowie gelegentlich auch aus Krebstieren (*Gammaridae*).

Das Wachstum ist relativ langsam. Er erreicht in einem Alter von 1 Jahr durchschnittlich 6-7 cm, mit 2 Jahren 10-11 cm, mit 3 Jahren 12-14 cm, mit 4 Jahren 14-16 cm und mit 5 Jahren 16-19 cm.

Der Apron kann bis zu 23 cm lang, 0,1 kg schwer und 9 Jahre alt werden.

Bedeutung:

Der Apron hat wirtschaftliche keine Bedeutung. In der Schweiz wurde früher von Fischern und Wirten oft ein Apron als Glücksbringer in den Fischkästen gehalten. Heute ist er jedoch streng geschützt.

Durch Wasserbaumaßnahmen und Wasserverschmutzung ist er stark gefährdet und teilweise vom Aussterben bedroht. Um 1900 besiedelte er eine Fließgewässerstrecke von etwa 2.200 km, in den 1980er Jahren war er nur mehr in 380 km (17 %) dieser Gewässer nachzuweisen. 1980 wurde der Bestand nur noch auf 2.000-4.000 Individuen geschätzt.

Zingel streber Siebold, 1863. **Streber**

Streber. (Foto: Z. Sallai)

Beschreibung:

1. Rückenflosse mit 7-10 Stachelstrahlen, 2. Rückenflosse mit 1-3 Stachel- und 10-13 Gliederstrahlen, Afterflosse mit 1-2 Stachel- und 7-13 Gliederstrahlen, 70-87 Schuppen entlang der Seitenlinie, 9-10 Kiemenreusendornen, 43-47 Wirbel.

Der Körper ist langgestreckt und im Querschnitt fast rund. Die größte Körperhöhe beträgt nur 10-12 % und der Kopf mit unterständigem Maul bis über 20 % der Gesamtlänge. Der Augendurchmesser und der Augenabstand beträgt 18-22 % der Kopflänge. Der drehrunde Schwanzstiel ist länger und dünner als bei den restlichen Arten der Gattung Zingel und länger als der Ansatz der zweiten Rückenflosse. Die beiden Rückenflossen sind durch 6-7 Schuppenreihen von einander getrennt. Die Schwimmblase ist zurückgebildet.

Zur Laichzeit haben beide Geschlechter an den Schuppen am Kopf und den Seiten kleine längliche Warzen, die bei den Männchen meist stärker ausgebildet sind.

Die Oberseite ist rotbraun bis gelbgrau und die Unterseite gelbgrau bis weißgrau gefärbt. Der Körper ist mit 4-6 dunklen, deutlich abgegrenzten, breiten schrägen Querbändern versehen. Die Flossen sind gelbgrau und ungefleckt.

Verbreitung:
Der Streber kommt nur in der Donau und den Unterläufen der größeren Zuflüsse (wie Mindel, Wörnitz, Naab, Regen, Isar, Amper, Inn und Salzach, March, Raab, Waag, Theiß, Morava und Alt), sowie im Dnjestr und Vardar vor (40-49° Nördlicher Breite).
Er hält sich meist in den stark fließenden Gewässerabschnitten (Strömungsgeschwindigkeit 0,55-0,65 m/s) mit sandigem bis kiesigen Grund auf und kommt meist tiefer als der Zingel vor.
Die Population des etwa 380 km langen Balkanflusses Vardar, der ins Ägäische Meer mündet, gilt als Unterart *Zingel s. balcanicus* Karaman, 1936 (Vardar-Streber), ist heute aber sehr selten oder möglicherweise sogar schon ausgestorben. *Z. s. balcanicus* hat etwas schwächer beschuppte Wangen (<2 statt >2 Schuppenreihen) und mehr Dornen (2 statt 1) am Kiemendeckel als *Z. s. streber.*

Lebensweise:
Die Laichzeit erstreckt sich von März bis Mai bei Wassertemperaturen von 9-15 °C.
Die Ablage der durchsichtigen bis gelbbraunen Eier erfolgt in der Nacht in flachen, strömungsreichen Gewässerabschnitten. Dabei werden die 1.000-4.000 klebrigen Eier je Weibchen, mit einem Durchmesser von etwa 1,9-2,0 mm an Steine oder Schotter, seltener an Pflanzen geheftet.
Bei einer Wassertemperatur von 12-15 °C schlüpfen die 6-8 mm langen Larven nach etwa 14-19 Tagen (ca. 200 Tagesgrade) und gehen nach weiteren 4-9 Tagen (ca. 100 Tagesgrade) mit einer Länge von 9-10 mm zur aktiven Nahrungsaufnahme über. Die Brutlinge und Jungfische halten sich bevorzugt im Uferbereich der Flüsse auf.
Die Nahrung besteht hauptsächlich aus benthischen Wirbellosen, sowie gelegentlich aus kleinen Fischen und Fischeiern.
Das Wachstum ist relativ langsam. Er erreicht in einem Alter von 1 Jahr durchschnittlich 7-9 cm, mit 2 Jahren 10-12 cm, mit 3 Jahren 12-15 cm, mit 4 Jahren 14-17 cm und mit 5 Jahren 15-18 cm. Die Weibchen wachsen meist etwas (10-15 %) schneller und werden auch größer als die Männchen. Mit einem Alter von 5 Jahren erreichen die Männchen eine Länge von etwa 14 cm und die Weibchen eine Länge von etwa 19 cm.

Der Streber kann bis zu 25 cm lang und 8 Jahre alt werden.

Bedeutung:
Der Streber hat wirtschaftliche keine Bedeutung. Angelfischereilich wird er gelegentlich, vor allem in der Dämmerung, mit der Grundangel gefangen. In einigen Ländern ist er jedoch ganzjährig geschützt.
Durch die Gewässerverbauung und Wasserverschmutzung, sowie durch den starken Besatz mit Aalen, ist der Streber seit den 1950er Jahren stark zurückgegangen.

Zingel zingel Linnaeus, 1766. **Zingel**

Zingel. (Foto: M. Hochleithner)

Beschreibung:
1. Rückenflosse mit 12-15 Stachelstrahlen, 2. Rückenflosse mit 1-2 Stachel- und 16-20 Gliederstrahlen, Afterflosse mit 1-2 Stachel- und 11-13 Gliederstrahlen, 55-95 Schuppen entlang der Seitenlinie, 13-15 Kiemenreusendornen, 44-49 Wirbel.

Der Körper ist langgestreckt und im Querschnitt fast rund. Die größte Körperhöhe beträgt 13-15 % und der Kopf bis zu 20 % der Gesamtlänge. Der Augendurchmesser beträgt 18-22 % und der Augenabstand 20-24 % der Kopflänge. Der drehrunde Schwanzstiel ist kürzer als der Ansatz der zweiten Rückenflosse. Die beiden Rückenflossen sind durch 3-5 Schuppenreihen von einander getrennt. Die Schwimmblase ist vorhanden. Wie bei allen Arten der Gattung Zingel können die Augen unabhängig voneinander bewegt werden.

Zur Laichzeit haben beide Geschlechter an den Schuppen am Kopf und Rücken sowie an der Oberseite der Brustflossen, kleine runde Warzen, die bei den Männchen meist stärker ausgebildet sind. Bei den Männchen sind die paarigen Flossen oft auch länger als bei den Weibchen.

Die Oberseite ist gelbbraun bis graubraun und die Unterseite gelbgrau bis weiß gefärbt. Der Körper ist mit 5-7 dunklen, meist undeutlich abgegrenzten und verwaschenen, schrägen Querbändern versehen. Die Flossen sind gelbbraun und ungefleckt.

Verbreitung:
Der Zingel kommt nur in Flüssen des nordwestlichen Schwarzen Meeres (Dnjestr und Donau mit Pruth, Alt, Morava, Ipel´, Raab, March mit Thaya, Salza, Inn und Salzach, Lech, Isar, Amper, Altmühl, Naab und Regen) vor (43-49° Nördlicher Breite).
Er hält sich meist in den stark fließenden Gewässerabschnitten (Strömungsgeschwindigkeit 0,2-0,4 m/s) mit schottrigem bis steinigen Boden auf.

Lebensweise:
Die Laichzeit erstreckt sich von März bis Mai bei Wassertemperaturen von 10-12 °C.
Die Abgabe der 1.000-8.000 klebrigen Eier mit einem Durchmesser von 1,5-2,0 mm erfolgt in Gruppen von einem Weibchen und mehreren Männchen, meist an flachen Stellen über schottrigem bis steinigen Boden bei geringer Strömung.
Wie alle Arten der Gattung Zingel ist er überwiegend nachtaktiv.
Die Nahrung besteht hauptsächlich aus Insektenlarven und Krebstieren (*Asselus, Gammarus*), sowie Würmern und Weichtieren, gelegentlich auch aus kleinen Fischen und Fischeiern.
Das Wachstum ist relativ langsam. Er erreicht in einem Alter von 1 Jahr durchschnittlich 10-12 cm, mit 2 Jahren 15-19 cm, mit 3 Jahren 20-25 cm, mit 4 Jahren 23-28 cm und mit 5 Jahren 26-32 cm. Die Weibchen sind bei gleichem Alter meist etwas größer als die Männchen.
Der Zingel kann bis zu 60 cm lang, 1,5 kg schwer und 15 Jahre alt werden.

Bedeutung:
Der Zingel hat wirtschaftliche keine Bedeutung. Früher wurde sein Fleisch jedoch sehr geschätzt und hatte einen hohen Preis. Angelfischereilich wird er gelegentlich, vor allem in der Dämmerung, mit der Grundangel gefangen. In einigen Ländern ist er jedoch geschützt.
Durch die Vernichtung geeigneter Lebensräume sind die Bestände in einigen Fließgewässern stark zurückgegangen.

AQUAKULTUR

Vermehrung

WILDFANG:

Seit den 1940er Jahren wird die zur Aufzucht von Zandern erforderliche Laichmenge einerseits durch Abstreifen und künstliche Befruchtung, andererseits durch Auslegen künstlicher Nester in natürliche Gewässer beschafft. Teiche und Staue mit reguliertem Ufer und ohne Uferpflanzen eignen sich am besten für die Beschaffung von Eiern, während Gewässer mit vielen Uferpflanzen nur wenig Möglichkeiten dazu bieten, da die Fische es sonst bevorzugen dort abzulaichen.
Zur Beschaffung der Eier aus natürlichen Gewässern werden, wenn die Wassertemperatur auf 8-9 °C ansteigt, die Zandernester im Abstand von 1-3 m an ein etwa 6-8 mm starkes Seil angebracht. Diese Nesterkette wird an Stellen versenkt, die die Zander beim Ablaichen erfahrungsgemäß bevorzugen. Diese befinden sich gewöhnlich 1-3 m unter Wasser an hartem oder kiesigem, mit Algen bewachsenem Boden. Nach der ersten Laichablage werden täglich die einzelnen Nester der Nesterkette nacheinander aus dem Wasser herausgezogen und die mit Eiern besetzten Nester abgenommen. Jedes Nest wird mit einer Nummer versehen und man vermerkt dazu Eizahl, Befruchtungsrate und Schlupfdatum etc.

Kette mit Zandernestern. (Nach: Tölg et al., 1981)

HANDHABUNG:

In der modernen Fischzucht werden die Laichfische bereits im Herbst gefangen oder ausgewählt. Am besten eignen sich beim Barsch Exemplare mit Stückgewichten von 0,1-0,3 kg und beim Zander Exemplare mit Stückgewichten von 1-3 kg. Die größten Eier mit der besten Qualität findet man beim Zander bei 5-7 Jahre alten Weibchen, die bereits mehrfach abgelaicht haben. Im Herbst ist es noch schwer, die beiden Geschlechter zu unterscheiden. Bei den Weibchen ist der Rücken höher und die Kopfform breiter als bei den Männchen. Ab der zweiten Laichperiode ist der Bauch der Weibchen weißer und auch vor dem After vorstehend. Bei den Männchen sind Brust und Bauch stärker pigmentiert, und der Bauch tritt nicht so stark hervor. Beim Zander ist das Profil zwischen Kopf und Rückenflosse bei den Weibchen meist gewölbt (konvex) und bei den Männchen eher eingebuchtet (konkav). Es ist angebracht 10-20 % mehr Männchen als Weibchen auszuwählen. Die Größe der Laichfische sollte dabei nicht zu stark voneinander abweicht. Auf diese Weise ist es im Frühjahr leichter, die Laichfische aus Exemplaren etwa gleicher Größe zusammenzustellen.
Am besten hat sich bewährt die Laichfische, also beide Geschlechter, bei einer Besatzdichte von 100-200 kg/ha, vom Herbst bis zum Frühlingsanfang in einem durchflossenen Winterungsteich, zusammen mit lebenden Futterfischen (ca. 50-100 % des Gesamtgewichtes der Laichfische) zu halten. Die Futterfische sollten, je nach Größe der Laichfische, etwa 1-2 % des Gewichtes der einzelnen Laichfische wiegen bzw. 10-20 % der Länge der einzelnen Laichfische messen. Reichliche Nahrung im Winter ist eine der grundlegenden Voraussetzung für eine erfolgreiche Vermehrung. Ist die Kondition der Laichfische schlecht, zieht sich das Laichgeschäft in die Länge und die Befruchtungsrate und die Eizahl pro Mutterfisch sind geringer.
Für einen guten Vermehrungserfolg ist eine Winterung während der frühen Gonadenentwicklung, unter 6-8 °C für mindestens 3-6 Monate beim Barsch und unter 8-10 °C für mindestens 1-3 Monate beim Zander, notwendig, wobei die Beleuchtungsdauer (20-40 Lux) nur 8 h/Tag betragen sollte. Anschließend ist eine Erwärmungsphase von 4-8 °C auf 12-15 °C für 1-3 Monate günstig, wobei die Beleuchtungsdauer 16 h/Tag betragen sollte. Während der Abkühlungs- bzw. Erwärmungsphase kann die Temperaturveränderung etwa 1-2 °C/Tag betragen. Werden die Fische dauernd unter 6 °C oder über 22 °C gehalten, so wird die Ausschüttung von Sexualhormonen unterdrückt und die Gonadenentwicklung pausiert.

Zandernester werden bereits im Laufe des Winters vorbereitet. Bewährt hat sich ein Nest, das aus einem quadratischen Rahmen aus Metall besteht, auf den ein rostfreies Drahtgitter mit 1-2 cm Maschenweite gespannt wird. Auf dieses Gitter wird mit einem Nylonfaden ein Geflecht aus feinen Wurzeln (Weiden, Erlen), Zweigen (Wacholder, Fichten), anderen Pflanzenfasern (Kokos-, Reismatten) oder künstlichem Material (Tannen- oder Rasenimitat) befestigt. Die Oberfläche dieses Geflechts soll 2-5 cm tief und locker sein. Dies fördert nämlich das vertikale und nicht das horizontale Absetzen der Eier. Die Seitenlänge des Nestes sollte etwa der Körperlänge des Weibchens entsprechen, denn falls das Nest zu klein ist, setzt sich ein Teil der Eier auf dem Bodenschlamm ab. Für Zander von 1-3 kg sind quadratische Rahmen der Größe 50-60 x 50-60 cm am besten geeignet.
Im Frühling beim Ansteigen der Wassertemperatur auf 6-8 °C sind die Laichfische zu sortieren und nach Geschlechtern zu trennen. Nun ist das Unterscheiden der Geschlechter leichter als im Herbst, da der Bauch der Rogner schon prall und gewölbt ist. Dieses Merkmal lässt sich besser erkennen, wenn der Verdauungskanal leer ist. Zweckmäßigerweise entfernt man deshalb die letzten Futterfische aus dem Winterteich und sortiert die Laichfische erst 8-10 Tage danach. Wegen der Kammschuppen und Stachelstrahlen zieht man beim Sortieren am besten dicke Gummihandschuhe an, damit schont man nicht nur den wertvollen Fischbestand, sondern auch die eigenen Hände.
In die Hälterteiche der nun nach Geschlecht getrennten Laichfische dürfen keine Futterfische mehr eingesetzt werden. Man sollte jedoch in beide Teiche einige Nester legen. Dadurch kann man im Falle falscher Sortierung vermeiden, dass Zander anderen Geschlechts beim Abfluss oder an einer anderen ungeeigneten Stelle, an der die Eier später absterben würden, ablaichen. Hat sich ein Milchner unter die Rogner verirrt, muss man nochmals sortieren, da ein Männchen mehrere Weibchen zum Ablaichen veranlassen kann. Geschlechtlich zweifelhafte Exemplare sind besser gleich auszuscheiden.
Natürlich können die Laichfische auch kurz vor der Laichzeit in natürlichen Gewässern gefangen werden. Da die empfindlichen Laichfische jedoch oft verpilzen, ist dann eine längere Hälterung meist nicht möglich. Eine Behandlung der Fische mit Malachitgrün ist in der Europäischen Union mittlerweile verboten.
Zur Betäubung der Laichfische eignet sich Trichlorbutylalkohol, beim kurzen Transport (1 h) in einer Dosis von 60 mg/l, und für die kurze Narkose (10 min) 180 mg/l. Alternativ kann für eine kurze Narkose auch 25-50 ppm Eugénol verwendet werden.

Reifestadien der Oozyten

beim Zander:

(Nach: Kucharczyk et al., 2007)

Stadium	Charakteristiken	Fixierzeit	Empfehlung
1	Zellkern im Zentrum, viele kleine Öltröpfchen, Farbe: gelbweiß, undurchsichtig	3-5 Min.	Hypophysierung zu früh, Kontrolle bei 15 °C in 4-6 Tage
2	Zellkern im Inneren Viertel, wenige große Öltröpfchen, Farbe: strohgelb, undurchsichtig	2-4 Min.	Hypophysierung in zwei Gaben, je 50 % der Dosis jetzt und nach 24 h, laicht bei 15 °C in 4-6 Tage
3	Zellkern im Äußeren Viertel, ein großer Öltropfen, Farbe: hellgelb, halbtransparent	1-3 Min.	Hypophysierung in einer Gabe, 100 % der Dosis, laicht bei 15 °C in 2-4 Tage
4	Zellkern beim Animalpol, Auflösung des Zellkerns, Farbe: zitronengelb, transparent	0-2 Min.	Hypophysierung in einer Gabe, 50 % der Dosis oder nicht notwendig, laicht bei 15 °C in 12-24 h

Für die erfolgreiche Hypophysierung muss sich ein großer Öltropfen im Ei geformt haben und der Zellkern nun zum animalen Pool gewandert sein. Dies wird an einer kleinen Menge an Eiern (10-50 St.) überprüft. Diese werden dem betäubten Rogner über einen sterilisierten Katheter (1,5-2,5 mm Innendurchmesser) der etwa 2 cm in die Geschlechtsöffnung eingeführt wird entnommen. Anschließend werden die Eier in einer Fixierlösung aus 6:3:1 Alkohol:Formalin: Eisessig für 1-4 Minuten kräftig geschüttelt und unter einem Mikroskop bei einer Vergrößerung von 1:5-10 kontrolliert (siehe auch Tab.).

Oozyten, die in der Fixierlösung beschädigt werden, können sich schon im Prozess der Ovulation oder Resorption befinden und sollten daher nach 2-3 h nochmals kontrolliert werden. Oozyten die gleichzeitig unterschiedliche Reifestadien zeigen, sind meist von schlechter Qualität und bringen keinen Erfolg.

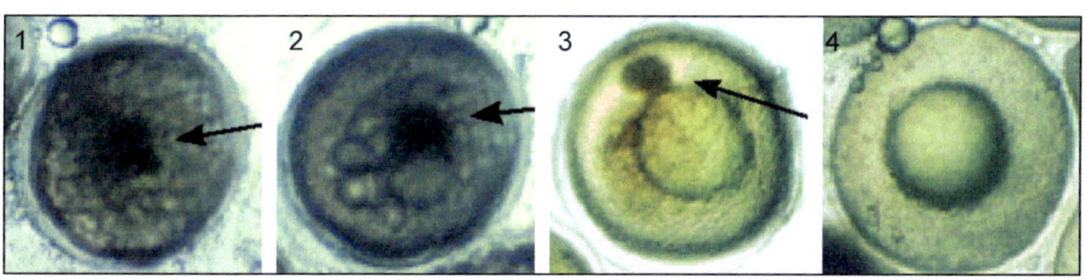

Reifestadien der Oozyten beim Zander. (Nach: Kucharczyk et al., 2007)

Hypophysieren von Wolgazandern. (Foto: M. Bódis)

Zandernest aus Weidenwurzeln. (Foto: M. Bódis)

EIGEWINNUNG:

Hat das Wasser eine Temperatur von etwa 10 °C erreicht, beginnen die Vorbereitungen für das Ablaichen. Die Laichfische können auch schon ab Januar ins Bruthaus gebracht werden und die Wassertemperatur (auf 10-12 °C) und die Photoperiode (auf 12-14 h Licht) langsam erhöht werden. Durch eine Hypophysierung kann das Laichen beschleunigt und die Laichzeit bis zu 10 Wochen vorverlegt werden.
Für die Hypophysierung eignen sich Hypophysen (Hirnanhangdrüsen) anderer Fische, wie Karpfen und Brachsen, oder künstliche Hormone wie LH-RHa (Luteinizing Hormon-Releasing Hormon) oder HCG (Humanes Chorionisches Gonadotropin).
Frische, kurz vor der Laichzeit gewonnene Hypophysen werden zweimal (12 h) in Aceton (1:10) eingelegt, entfettet, entwässert und anschließend auf Filterpapier bei 20 °C getrocknet. Sie sind so, lichtgeschützt und trocken aufbewahrt, auch über Jahre haltbar. Die getrockneten Hypophysen werden in einer Reibschale (Mörser) fein zermahlen, mit 1-2 ml (bzw. 0,2 ml/Hypophyse) physiologischer Kochsalzlösung (0,6-0,9 %) aufgeschwemmt und in eine Injektionsspritze aufgezogen. Die Injektion erfolgt mit einem Stich unter die Schuppen intramuskulär in den Rücken auf etwa 1/3 der Körperlänge hinter dem Kopf. Die Kanüle wird im 45° Winkel in den Muskel gestochen, um mehr Muskelmasse zur Verfügung zu haben. Beim Zurückziehen der Nadel wird ein Finger auf die Einstichstelle gedrückt, und nach Entfernen der Nadel leicht massiert. Gelegentlich wird die Injektion auch zwischen die Bauchflossen verabreicht. Die Hypophysenmenge wird immer frisch zubereitet, da die Hormone bei Raumtemperatur nur ca. 1 h wirksam bleiben.
Die Hypophysierung erfolgt bei einer Dosis von 1-3 mg Karpfenhypophysen oder 0,1-0,3 mg LH-RHa bzw. 200-600 IU HCG je kg Körpergewicht, je nach Reifestadium in 1-2 Gaben (25-50 % als Vordosis und 12-24 h später 50-75 % als Hauptdosis). Meist werden nur die Rogner hypophysiert, da ein langsames Wegfließen des Spermas bei den Milchnern oft als Auswirkung der Hormoninjektion vorkommt.
Die Reifedauer von der Hypophysierung bis zur Ovulation hängt neben dem Reifestadium auch von der Hormonbehandlung und der Wassertemperatur ab. Sie beträgt bei einer Wassertemperatur von 10-15 °C etwa 30-70 Stunden. Eine Erhöhung der Wassertemperatur von 10 auf 15 °C beim Ablaichenlassen bzw. auf 15-20 °C beim Abstreifen stimuliert zusätzlich, erhöht die Synchronisation und verringert die Zeit. Meist ovulieren dann 60-90 % der hypophysierten Fische.

Die reifen Fische laichen in künstlichen Becken, Teichen oder Netzgehegen, in dem sonst jede Struktur zum Ablaichen fehlt, meist ohne Probleme ab (Barsche auf Zweigen und Zander auf Nestern). Der Wasserstand sollte dabei etwa 1 m betragen.

Die Nester sollten etwa gleichweit voneinander entfernt sein. Je 4-10 m^2 kann ein Nest eingebracht werden. Die Zahl der Nester und Männchen sollte um etwa 10 % höher liegen als die der Weibchen. Es ist vorteilhaft die Laichfische zu hypophysieren, die dann innerhalb von 1-3 Tagen, meist in den frühen Morgenstunden, ablaichen. Das Laichspiel ist, selbst im trüben Wasser, an den Bewegungen des Signalschwimmers über den Nestern zu erkennen. Die Nester sind alle 1-2 Tage in den späten Morgenstunden zu kontrollieren. Erfolgt innerhalb einer Woche keine Laichabgabe, ist eine nochmalige Hypophysierung oder ein Neubesatz mit laichreifen Fischen vorzunehmen. Die mit Laich belegten Nester werden herausgenommen, markiert und die Eizahl bestimmt.

Da Schätzungen meist sehr ungenau sind, wurde in Ungarn eine neue Methode der Zählung entdeckt. Die Idee dafür ergab sich aus der Tatsache, dass sich der Zander beim Laichen über dem Nest kreisförmig dreht und dabei die Eier relativ gleichmäßig ablegt. Es wurde daher die Anzahl der abgelegten Eier je Flächeneinheit bestimmt, welche im Durchschnitt bei 63 (60-65) je cm^2 liegt. Misst man also den durchschnittlichen Durchmesser (d) des mit Eiern belegten Teils des Nestes in Zentimeter, berechnet die Fläche $(d/2)^2$ x ¶ und multipliziert diese mit 63 so erhält man ziemlich genau die Anzahl der Eier je Nest.

Abstreifen eines Zanders. (Foto: M. Bódis)

Auch ein Abstreifen und die künstliche Befruchtung nach der trockenen Methode sind möglich. Dafür werden je kg Eier etwa 5-10 ml Sperma verwendet und sorgfältig mit den Eiern vermischt. Die Anzahl an Spermien beträgt etwa 1-13x10^{10} je ml. Die Strecke, die ein Spermium zurücklegen kann, beträgt 100-150 µm/s, jedoch nur für kurze Zeit. Daher sind, zumindest beim Walleye, oft bessere Ergebnisse zu erzielen, wenn das Sperma in 2-3 Gaben mit einem Abstand von jeweils 30 Sekunden mit den Eiern vermischt wird. Auch die Dicke der Eischicht hat einen Einfluss auf das Befruchtungsergebnis und ist bei einer Schicht von <4 mm besser als bei >7 mm. Als Befruchtungslösung verwendet man bei Zandern am besten (1:1) eine Salzlösung (0,3-0,6 % NaCl) für 1-3 Minuten anstatt Wasser, um das vorzeitige Zusammenkleben der Eier zu reduzieren. Diese wird auch für den 60-90 Minuten dauernden Quellvorgang der Eier verwendet. Anschließend werden die Eier 1:10 in einer Lösung entklebt, sofort sorgfältig gewaschen und dann in Gläsern erbrütet. Als Entklebungslösung eignet sich 10 g Talkum und 2 g Kochsalz je Liter Wasser für 45-60 Minuten, 3 g Harnstoff und 3 g Kochsalz je Liter Wasser für 30 Minuten, Tannin (0,5-1,0 g/l) für 2 Minuten, oder eine Alkaline-Protease Lösung (0,1-0,5 %) für 2-4 Minuten. Die Laichbänder des Barsches werden nicht entklebt.
Die Männchen können innerhalb von 1-2 Wochen mehrmals zur Spermaentnahme verwendet werden. Es kann bis zu 5 % des Körpergewichts (5-10 ml je Streifvorgang) der Männchen an Sperma gewonnen werden. Es lässt sich auch unter O_2-Atmosphäre bis zu 1-2 Wochen bei einer Temperatur von 2-4 °C lagern. Das Sperma kann auch gefrierkonserviert werden (ähnlich wie bei Salmoniden), wobei es 1:6-9 mit einem Verdünner aus 300-350 mM Sucrose oder Glucose und eventuell 30 mM Tris (pH 8,0) verdünnt, und mit 10 % Methanol oder Dimethylsulfoxid als Gefrierschutz versetzt wird. Dann wird es in 0,5 ml Pailletten abgefüllt, 3 cm über dem Stickstoffspiegel für 10 Minuten eingefroren und anschließend in flüssigem Stickstoff bei -196 °C auch jahrelang gelagert. Für die Befruchtung wird das Sperma in den Pailletten im Wasserbad bei 40 °C für 8 Sekunden aufgetaut und sofort für die Befruchtung verwendet. Die Befruchtungsrate ist jedoch mit gefrierkonserviertem Sperma oft um 30 % geringer als mit frischem.
Die Befruchtungsrate beträgt meist um 60-90 %. In der zweiten Hälfte der Laichzeit nimmt die Eiqualität und Befruchtungsrate meist etwas ab.
Die Laichfische werden anschließend wieder ausgesetzt oder einer normalen Verwertung zugeführt. Die Überlebensrate der Laichfische beträgt etwa 60-90 % und ist bei hypophysierten Laichfischen meist um 20-30 % geringer als bei nicht hypophysierten Laichfischen.

ERBRÜTUNG:

Zur Erbrütung werden die Bänder oder Nester einzeln in Körbe oder Kisten von 50-60 Liter Inhalt gelegt, die mit feinmaschigem Netz (Fliegengitter) abgedeckt sind, und in den Teich gesetzt, der zum Vorstrecken der Brut bestimmt ist. Es können aber auch Barschlaichbänder oder Zandernester in Langstromrinnen oder Rundbecken eingehängt, erbrütet werden, wobei der Wasserstand 30-50 cm und der Zufluss 2-5 l/min je Kubikmeter Beckenvolumen betragen sollte. Der Sauerstoffgehalt sollte nicht unter 5-7 mg/l liegen.
In den 1940er Jahren wurde in Ungarn ein neues Verfahren für das Erbrüten von Zandereiern entwickelt. Dabei erfolgt die Eierbrütung nicht im Wasser, sondern in einem berieselten, mit Wasserdunst gefüllten Raum. Bei dieser Methode ist die Sauerstoffversorgung optimal, das Erbrüten kann vorverlegt werden und die Verpilzung ist geringer. Diese Sprühkammer ist entweder ein kleiner, stationärer oder mobiler Raum oder ein Zelt aus Kunststoff-Folie. Dabei hat sich eine gut belüftete Kammer auf einem Boot oder Ponton besser bewährt. Die Kammer ist mit einfacher Sprüheinrichtung (1,5-2,0 bar) und mit je einer Sprühdüse pro 1-2 m^2 versehen. Dabei darf nur der Sprühnebel und nicht der Druckstrahl des Wassers auf die Eier gelangen. Deshalb sollen die Sprühdüsen das gefilterte Wasser (20-30 l/h je Düse) ein wenig aufwärts und gleichmäßig im ganzen Raum zerstäuben, oder es werden die Nester mit einem feinen Gazetuch abgedeckt. Je kleiner die Düsen und damit die Tropfen, desto feuchter sind die Eier. Auf kleiner Fläche können so viele Zandernester vertikal aufgehängt werden. Das Wasser bzw. die Kammer kann ohne Schädigung der Embryonen bis auf 20 °C erwärmt werden. Von 20 °C können die Nester mit den reifen Eiern dann zum Schlüpfen ohne weiteres direkt in Becken, Teiche oder Seen mit Wasser von 12-13 °C ausgesetzt werden. Im berieselten Raum ist das Ausschlüpfen der Larven etwas verzögert. So kann man erreichen, dass alle Eier auf einem Nest beim Eintauchen ins Wasser in einigen Minuten fast restlos schlüpfen. Die genaue Schlüpf- und Aussetzzeit wird durch eine Probeerbrütung festgestellt. Dazu kommen einige Eier in ein Glas Wasser mit 12-14 °C. Falls innerhalb von 10-30 Minuten alle Larven schlüpfen, kann das Nest ausgesetzt werden.
Die Erbrütungsdauer hängt von der Wassertemperatur, der Art und den einzelnen Ei-Chargen ab. Bei einer Wassertemperatur von 15 °C beträgt diese etwa 80-120 Tagesgrade (siehe auch Abb.). Bis alle geschlüpft sind, dauert es oft mehrere Tage (2-5 Tage bei 20-15 °C).

Erbrütungsdauer der Eier
in Abhängigkeit von der Wassertemperatur:
(Nach: Craig et al., 2000)

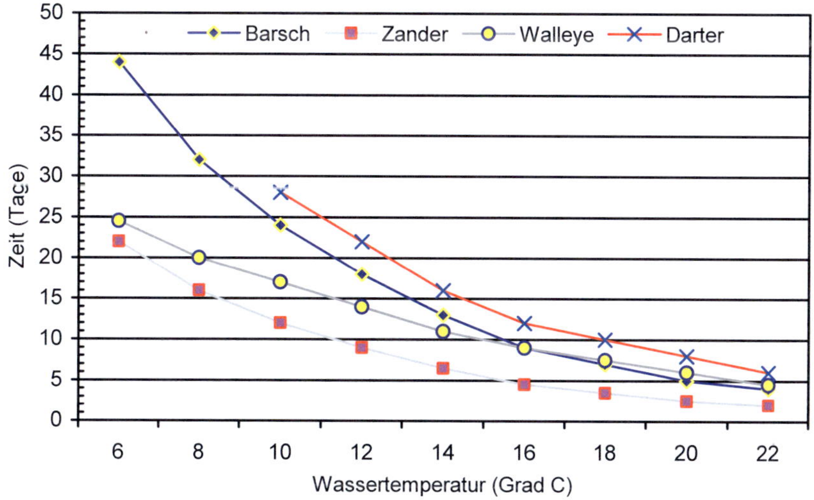

Beim Walleye, mit etwa 100.000-160.000 Eiern pro Liter, werden die Eier in Gläsern erbrütet. Auch entklebte Zandereier, mit etwa 500.000-600.000 Eiern pro Liter, können in Gläsern erbrütet werden. Dafür werden in Europa vor allem Zugergläser, immer häufiger jedoch auch, wie in Amerika, MacDonald-Gläser verwendet, in denen die Eier von unten mittels Wasserströmung in ständiger leichter Bewegung gehalten werden. Die Rotation der Eier ist in MacDonald-Gläsern besser und gleichmäßiger als in Zugergläsern, gleichzeitig wird weniger Wasserdurchfluss benötigt. In ein 7-9 l fassendes Erbrütungsglas werden 2-4 l gequollene Eier besetzt. Der Wasserdurchfluss wird während des ersten Tages bei 1-2 l/min gehalten, damit die Eier nur leicht wallen, anschließend wird auf 3-5 l/min erhöht um Klumpenbildung zu vermeiden.
Die frisch geschlüpften Larven gehen mit der Strömung aus den Erbrütungsgläsern und werden in einem Becken mit entsprechendem Sieb (Maschenweite 0,3-0,4 mm) gesammelt.
Die Erbrütung kann auch gut im Kreislauf mit oder ohne biologische Reinigung erfolgen, dabei kann die Wassertemperatur durch eine Flüssigkeitsklimaanlage genau geregelt werden. Dies hat den Vorteil, dass der Frischwasserbedarf auf ein Minimum reduziert und der Schlupftermin ziemlich genau gesteuert werden kann.

Sprühkammer mit künstlichen Zandernestern. (Foto: M. Bódis)

Zugerglas mit Zandereiern. (Foto: M. Bódis)

Bei der Erbrütung besteht die Gefahr der Verpilzung der Eier durch Fischschimmel (*Saprolegnia, Achlya*), was zu hohen Verlusten führen kann. Daher werden die Nester bzw. Eier täglich vorsorglich mit einer chemischen Lösung behandelt oder in diese getaucht und dann abgespült. Die Temperatur der Badelösung und des Abspülwassers sollte mit der Erbrütungstemperatur in etwa übereinstimmen.
Zur Behandlung wurde früher meist eine Lösung von Malachitgrünoxalat in der Konzentration 1:50.000 verwendet. Da Malachitgrün in Verdacht steht, Krebs zu begünstigen, ist die Anwendung an Fischen, die später eventuell für den menschlichen Verzehr verwendet werden könnten, in vielen Ländern inzwischen verboten. Zur Vorbeugung kann stattdessen auch mit einer Lösung von 36 %igem Formaldehyd in der Verdünnung 1:1.000 (d.h. 1 g oder ml je Liter Wasser) behandelt werden oder es wird Wasserstoffperoxyd (H_2O_2 0,5 g/l Wasser) für 15 Minuten verabreicht. Alternativ können Nester auch zweimal täglich mit einer Kaliumpermanganatlösung ($KMnO_4$ 1 g/l Wasser) besprüht werden.
Organische Wasserbelastung und Wassertemperaturen von über 10 °C begünstigen die Entwicklung von Saprolegnia, saures und kalkarmes Wasser dagegen hemmt. Durch UV-Bestrahlung in einer Dosis von 50 mJ/cm^2 kann das Erbrütungswasser auch desinfiziert werden.
Direkte Sonneneinstrahlung auf die Eier und Larven muss verhindert werden, denn sonst sind die Verluste sehr hoch. Die normalen Erbrütungsverluste betragen etwa 10-40 %. Die Lebensfähigkeit der Larven nach dem Schlupf aus kleineren Eiern ist meist geringer als die jener aus größeren Eiern. Im Durchschnitt kann bei Zandern mit einem Ergebnis von etwa 70.000-100.000 Stück Larven je Kilogramm Körpergewicht gerechnet werden. Die höchste Überlebensrate wird erreicht, wenn die Laichfische bei 6-9 °C akklimatisiert wurden, die Eier bei 10-15 °C erbrütet, die Larven bei 15-20 °C gehalten wurden und die Jungfische bei 20-25 °C aufwachsen (siehe auch Tab.).

Optimaltemperaturen
für verschiedene Entwicklungsstadien:

Stadium	Eier	Brut	Setzlinge	Laichfische
Grad C	10-15	15-20	20-25	5-20

Für das Wachstum adulter Barsche und Zander liegt die Minimaltemperatur bei etwa 14-16 °C und die Vorzugs- und Optimaltemperatur bei 20-25 °C. Sie vertragen jedoch allgemein Wassertemperaturen bis zu 30-35 °C.

Aufzucht

ANFÜTTERUNG:

Nach der modernsten Methode werden die Eier im Bruthaus geschützt erbrütet, wobei ihnen in der Larvenperiode optimale Wasserqualität (O_2 8-10 mg/l, pH-Wert 6,5-8,0) und Wassertemperaturen (12-18 °C), sowie bei Beginn der aktiven Nahrungsaufnahme eine reichliche Menge an geeigneter Nahrung geboten werden.
Zur Anfütterung kann man Becken jeder Form und Größe verwenden. Am besten eignen sich dunkle (Rund- oder Langstrom-) Becken mit 1-3 m^3 Inhalt, die mit 150.000-300.000 Eier oder besser 100.000-200.000 Larven je m^3 Volumen besetzt werden. Beim Schlüpfen in Becken sollten die Eier überreif sein, damit alle Embryonen innerhalb von 20-40 Minuten nach dem Einlegen schlüpfen. Andernfalls verbrauchen das Nestmaterial und die daran sitzenden Organismen zu viel Sauerstoff aus dem wenigen und schwer austauschbaren Wasser des Beckens. Dies kann zur Schwächung oder zum Absterben der Larven führen.
Das Becken muss mit sauerstoffreichem Wasser gefüllt sein und das überschüssige Wasser durch ein Überlaufrohr und Sieb mit einer Maschenweite 0,3-0,6 mm, abgeleitet werden. Es ist am besten, das Wasser durch Verwendung von Zerstäubern über dem Becken, Durchfluss 5-10 l/min je m^3, zu erneuern. Gut ist auch das Einblasen fein zerstäubter Luft. Der Zufluss kann bei Anwendung von Filtern mit leichter Saugwirkung (Aquarien-Außenfilter oder Kiesel-Sandschicht) um 60-80 % vermindert werden. Durch stärkere Saugwirkung würden die einige Tage alten, unbeholfen auf- und abschwebenden Brütlinge am Filter jedoch beschädigt oder getötet werden.
Die exogene Ernährung beginnt, wenn noch etwa ein Drittel des Dottersackes vorhanden ist. Je nach Wassertemperatur dauert dies etwa 4-8 Tage (80-130 Tagesgrade). Unter den fressbereiten Larven sind immer solche, die außer dem Schwimmen in vertikaler Richtung sich manchmal auch kurzfristig horizontal fortbewegen. Jetzt sollte man einige Larven mit der Lupe oder einem Binokular untersuchen. Die optimale Reife für den Fressbeginn ist zwischen der Aufzehrung des Dottersackes und vor Resorption des Fettkügelchens. Die Maulspalte fressbereiter Larven hat eine Breite von etwa 0,4 mm bei Zander und 0,7 mm beim Walleye. Die Ausbildung der Mundöffnung kann nur bei stärkerer, etwa 30- bis 50-facher Vergrößerung festgestellt werden. In solchen Fällen müssen den Brütlingen unverzüglich winzige Nahrungsorganismen in der Größe von 0,05-0,15 mm angeboten werden.

Die Menge der Brütlinge kann bestimmt werden, indem der Behälter, in dem sich die Brütlinge befinden, vorsichtig vermischt wird, sodass sich die Brütlinge gleichmäßig verteilen. Nun entnimmt man eine Probe (z.B.: 1 Liter) und zählt die Larven, anschließend wird dieses Ergebnis auf den Gesamtinhalt des Behälters umgerechnet.
Eine kurze Anfütterung von 1-3 Wochen ist mit Rädertierchen (*Brachionus spp., Conochilus spp., Polyarthra spp.*) oder Salinenkrebschen (*Artemia spp.*) bei Barschen und Zandern möglich. Bei Salinenkrebschen eignen sich am besten geschälte (dekapsulierte) Eier oder frisch geschlüpfte Nauplien (Larven). Die erste Woche sollten die Artemialarven möglichst klein sein, anschließend können auch größere Artemialarven verfüttert werden. Günstiger sind jedoch die mit feinmaschigen (50-100 µm) Planktonnetzen gefangenen Rotatorien, Nauplien und Cyclopiden niederer Krebse aus Teichen oder Seen. Vor dem Verfüttern von Zooplankton muss die gesammelte Menge an Naturplankton durch Siebe von 0,8 mm, 0,4 mm und 0,2 mm Maschenweite nach Größen getrennt werden, um dadurch die größeren, für die Brütlinge gefährlicheren Organismen auszuscheiden. Oder es wird ein spezielles Mehrfach-Planktonsiebnetz (Maschenweite ca. 100, 200 und 400 µm) verwendet, welches das Zooplankton schon beim Fang in die entsprechenden Größenklassen sortiert. Ab einer Fischlänge von 6-7 mm kann das Zooplankton durch ein 0,3 mm Sieb gefiltert werden, und ab 9-11 mm kann ungesiebtes Zooplankton verfüttert werden.
Die Zooplanktonproduktion von stehenden Gewässern wird oft unterschätzt. Der Fang von 100-200 g Zooplankton pro Hektar und Tag ist limnologisch absolut unbedenklich; in größeren Seen (>1.000 ha, Planktonbiomasse 5-10 g/m^2) sind daher ohne weiteres Fänge von bis zu 1.000 kg/Tag bzw. pro ha und Jahr möglich. Die Planktonverteilung im See ist jedoch nicht homogen: in der Nacht hält sich das Crustaceenplankton an der Oberfläche auf, am Tag, speziell im Sommer, befindet es sich meist tiefer. Bei Wind sammelt es sich oft aufgrund der entgegengesetzten Unterwasserströmung oberhalb der Sprungschicht nach einiger Zeit entgegen der Windrichtung. Die Zusammensetzung des Zooplanktons ist im Frühjahr von Copepoden (*Diaptomus* und *Cyclops*) und bei Erwärmung des Wassers von Cladoceren (*Daphnia* und *Bosmina*) dominiert. Im Sommer kann es zum Auftreten von Raubcladoceren (*Leptodora* und *Bytotrephes*) kommen. Außerdem ist in dieser Zeit in nährstoffreichen Seen häufig mit einem massenhaften Auftreten von planktischen Algen (Phytoplankton) zu rechnen, die die feinmaschigen Fangnetze verlegen können.

Um die Wasseroberfläche von Futterresten und Ölfilm freizuhalten und damit den Larven die Füllung der Schwimmblase zu erleichtern, sollten die Becken (1-2 Düsen/m^2) mit je 0,5-1,0 l/min und genügend Druck von ca. 20 cm Entfernung oberflächlich (im 90° Winkel) breitflächig besprüht werden. Nachdem die Nahrungsaufnahme begonnen hat, wird die Brut mindestens zwei Mal pro Tag gefüttert. Die Nahrung muss ausreichend dosiert sein, mindestens 0,5-1,0 ml/l bzw. 50-100 Ind./l Beckenvolumen. Optimale Futterkonzentrationen liegen vor, wenn mindestens 70-80 % der Brütlinge stets gefüllte Därme aufweisen. Die Nahrungsaufnahme der winzigen Brut lässt sich mit einer Lupe gut beobachten, da der gelbe Streifen des vollen Verdauungstraktes im Körper gut sichtbar ist.
Bei einer Wassertemperatur von 20 °C benötigen die Brütlinge sobald sie fressfähig sind, je etwa 500-1.000 und nach einer Woche etwa 2.000-3.000 Rotatorien oder Copepoden-Nauplien pro Tag. Ab der zweiten Woche benötigen die Brütlinge größere Salinenkrebschen oder besser gesiebtes Zooplankton (Copepoden mit 200-600 µm). Die Verfütterung der Salinenkrebschen sollte über eine Tropfflasche bzw. alle 7-10 Minuten für 3-5 Sekunden erfolgen.
Überschüssige Nahrungsorganismen können absterben und wie der Kot, Sauerstoffmangel verursachen. Daher werden die Becken regelmäßig (2 x täglich) gereinigt. Zur Reinigung eignet sich ein Schlauch mit Staubsauger-Aufsatz, oder es werden die Brütlinge durch Abschattung und Licht etwas konzentriert und langsam samt Wasser in ein sauberes daneben stehendes Becken abgesaugt. Die Besatzdichte kann ab 1 cm Länge etwa 20.000-30.000 Stück/m^3 betragen. Die Überlebensrate nach etwa einem Monat beträgt rund 30-70 % und es werden im Durchschnitt 10.000-15.000 Stück vorgestreckte Fische mit einer Länge von etwa 2 cm je Kubikmeter Beckenvolumen abgefischt.
Ab einer Länge von 1-2 cm ist jedoch auch Kannibalismus festzustellen, der erst bei einer Größe von über 4-5 cm deutlich nachlässt. Die Kannibalen müssen entfernt werden. Bei höheren Besatzdichten sind die Verluste durch Kannibalismus meist geringer als bei niedrigen.
Beim Barsch sind lange Fotoperioden (über 16 h/Tag) und hohe Lichtintensität (100-400 Lux) beim Vorstrecken der Brütlinge günstig, während geringe Fotoperioden (unter 16 h/Tag) und Lichtintensität (10-30 Lux) bei der weiteren Aufzucht von Jungfischen von Vorteil sind. Fotoperiode und Lichtintensität können daher das Wachstum, die Überlebensraten und den Kannibalismus beim Barsch beeinflussen. Das Lichtregime (50-100 Lux) hat beim Zander weniger Einfluss auf den Aufzuchterfolg. Hier sind eher gute Wasserqualität und hohe Futterdichten, besonders während der ersten Wochen, wichtig.

Eine direkte Anfütterung mit Trockenfutter (Partikelgröße 100-400 µm, Rohproteingehalt 50-60 %, Rohfettgehalt 10-12 %) ist bisher wegen der geringen Größe der Larven noch nicht oder nur mit sehr hohen Verlusten von über 90 % und geringem Wachstum gelungen (außer Walleye). Das Mindestalter für eine Umstellung auf Trockenfutter beträgt sowohl beim Barsch als auch beim Zander etwa 20 Tage. Mit Artemia angefütterte 2-4 Wochen alte Brütlinge mit einer Größe von 0,8-1,2 mm sind erfolgreicher mit Trockenfutter aufzuziehen, wobei der Futterverbrauch je 1.000 Brütlinge bei 0,4-0,8 g/Tag und die Überlebensraten nach 10 Tagen bei 30-50 % und nach 30 Tagen bei 20-40 % liegen.
Vorgestreckte oder einjährige Zander (5-15 cm) sind, bei einer Besatzdichte von 1.000-5.000 St/m^3, innerhalb von 2-4 Wochen an (1-2 mm) Trockenfutter zu gewöhnen. Dazu wird die erste Woche (gefrostetes) Naturfutter (*Chironomus spp.*) gefüttert, das ab der zweiten Woche mit Trockenfutter vermischt wird. Der Anteil des Trockenfutters wird kontinuierlich (je Woche um 1/3) gesteigert, bis ab der vierten Woche ausschließlich Trockenfutter gefüttert wird. Für die Umstellung von 1.000 Stück Zander (1-30 g) werden etwa 2-10 kg Chironomiden benötigt und es ist mit Verlusten von 20-40 % zu rechnen. Bei direkter Umstellung auf Trockenfutter sind die Verluste um 10-30 % höher und das Wachstum geringer.
Bei einer Wassertemperatur von 15-20 °C ist im ersten Jahr mit einer täglichen Wachstumsrate von 1-5 % und im zweiten und dritten Jahr bei einer täglichen Fütterungsrate von 0,5-1,5 % mit einer täglichen Wachstumsrate von 0,4-1,1 % zu rechnen, wobei die Zander zum Ende der Wachstumsperiode jeweils rund 200, 700 und 1.500 g erreichen. In Warmwasseranlagen, bei einer Wassertemperatur von 22-25 °C, erreichen Zander von 10 bzw. 200 g bei einer täglichen Wachstumsrate von 0,5-0,6 % und einem Futterquotient von 0,8-1,5 in 12 Monaten etwa 900 bzw. 1.500 g Körpergewicht.
Vorgestreckte oder einjährige Barsche (2-9 cm) sind relativ gut direkt an Trockenfutter zu gewöhnen. Dabei ist es bis zu einer Fischlänge von 4-5 cm von Vorteil die Becken mit einer Unterwasserlampe von innen zu beleuchten. Etwa 60-90 % der Fische nehmen das Futter innerhalb von 1-3 Wochen an und die tägliche Zuwachsrate beträgt 1,2-1,8 %.
In Warmwasseranlagen, bei einer Wassertemperatur von 22-24 °C, erreichen Barsche von 10 g bei einer täglichen Fütterungsrate von 2-3 % durchschnittlich in 2 Monaten 20 g, in 4 Monaten 50 g, in 12 Monaten 150 g und in 18 Monaten 300 g Körpergewicht. Durch Selektion kann bei der nächsten Generation (F2) das Wachstum um bis zu 150 % verbessert und so die Zeit um bis zu 1/3 verkürzt werden kann.

Unter intensiven Haltungsbedingungen sollte die Besatzdichte bei Barschsetzlingen (á 10 g) mindestens 10 kg/m^3 betragen, um territores Verhalten und Aggressionen zu minimieren, wobei die optimale Besatzdichte ohne Wachstumseinbusen bei 20 kg/m^3 liegt und sich mit einer weiteren Erhöhung der Besatzdichte die Wachstumsrate verringert. Die maximale Besatzdichte kann bei Vorgestreckten bis zu 15 kg, bei Setzlingen bis zu 30 kg und für größere Fische bis zu 60 kg pro Kubikmeter betragen. Die höchste Produktivität wird bei Barschen (á 5 g) bei 35 kg/m^3 bzw. (á 150 g) bei 75 kg/m^3 erreicht, wobei der tägliche Zuwachs 0,6-0,3 kg/m^3 betragen kann.

Wachstum des Flussbarsches
bei verschiedenen Wassertemperaturen:
(Nach: Melard in Fontaine et al., 2008)

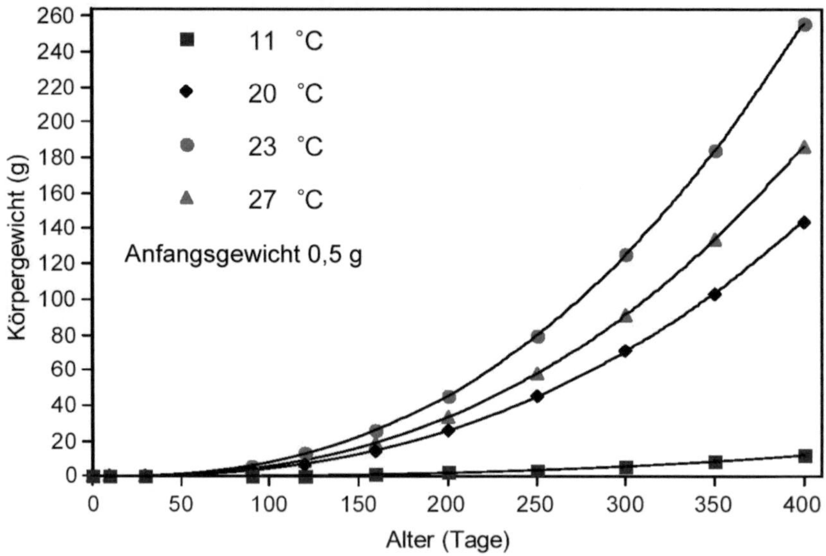

Beim Walleye wird das Aufzuchtwasser während der ersten 2-4 Wochen oft auch mit Lehm (25-100 mg/l) eingetrübt, was den Kannibalismus reduziert und die Umstellung auf Trockenfutter erleichtert, sowie die Überlebensrate um bis zu 500 % und das Wachstum um bis zu 300 % steigern kann. Es verhindert auch die Reflektion des Lichtes und dass sich die Larven an den Beckenwänden sammeln. In trübem Wasser schwimmen 2-5 Tage alte Larven auch schneller (2,65 zu 1,68 cm/s) als in klarem Wasser.

Beim Walleye ist eine hohe Lichtintensität (200-600 Lux) beim Anfüttern der Brütlinge bis zu einer Größe von 25-35 mm günstig, während eine geringe Lichtintensität (10-30 Lux) anschließend bei der Umstellung der Jungfische auf Trockenfutter von Vorteil ist. Die Beleuchtung (Fotoperiode über 16 h/Tag) bei der Umstellung erfolg oft mit 5-15 Watt Unterwasserlampen in abgedeckten, schwarzen Becken (Besatzdichte 1-7 kg/m^3). Die Fütterungsrate (0,9-1,4 mm Granulat) beträgt bei der Umstellung etwa 8-10 % des Körpergewichts und die Fütterungsintensität etwa alle 5 Minuten für 16-24 h pro Tag. Störungen oder Beunruhigungen der Fische verringern das Wachstum und die Überlebensrate und sind möglichst zu vermeiden.

Mittlere Überlebensraten beim Walleye
für verschiedene Produktionsabschnitte:
(Nach: Summerfelt et al. in Barton, 2011)

Vorstrecken	Umstellen	Strecken	Gesamt
mit Naturfutter in 0,2-0,8 ha Teichen für 1-2 Monate auf 3-7 cm	auf Trockenfutter in 1-5 m3 Becken für 1 Monate auf 8-12 cm	mit Trockenfutter in 50-200 m3 Becken für 3 Monate auf 22-26 cm	Produktion bis Herbst
80-100 %	40-80 %	85-95 %	40-70 %

Probezählung vorgestreckter Zander. (Foto: M. Bódis)

NETZGEHEGE:

In Osteuropa wurde in den 1970er Jahren die Methode der Aufzucht von Fischbrut in beleuchteten Unterwassergehegen entwickelt, die heute vor allem in Mitteleuropa angewendet wird (siehe Abb.).
Diese Produktionsmethode basiert auf einer Planktonfütterung in natürlichen stehenden Gewässern, wobei die Nährtiere mit einer Lichtquelle, die sich im Zentrum der Gehege befindet, angelockt werden. Hauptsächlich Copepoden und Cladoceren, aber auch eine Vielzahl von anderen Nährtieren reagiert positiv phototaktisch und wird in der Nacht durch die zentrale Unterwasserlampe (10-100 Watt) ins Innere der Gehege gelockt. Dies führt zu einer bis 50-fachen Konzentration der Nährtiere, die den Brütlingen als Futter dienen. Die würfelförmigen Gehege (2 x 2 x 2 m) sind meist aus hochwertigen, monofilen Polyesternetzen gefertigt und besitzen einen Durchgang mit Reiß- oder Klettverschluss für die Kontrolle und das Kabel. Die Gehege werden faltenfrei in ein starkes Metallgestell gespannt und über ein Galgengerüst mit einem Seil bis zur doppelten Sichttiefe bzw. 3-5 m unter die Wasseroberfläche abgesenkt. Montiert werden die Galgen auf Schwimmstegen und am besten etwas vom Ufer entfernt verankert. Die Stromzuleitung erfolgt über Unterwasserkabel und einen Transformator (12 Volt). Für die autonome Funktion in abgelegenen Gebieten bietet sich ein effizienter Solargenerator an. Als Standort für eine derartige Gehegeanlage eignen sich Gewässer mit einer Planktondichte von mindestens 500-1.000 Planktonkrebschen/m^3 zur betreffenden Zeit. Die Betreuung der Anlage beschränkt sich auf die Funktionskontrolle des Systems, die periodische Reinigung der Netze mittels Hochdruckreiniger, um ein Zuwachsen der Gehege durch Algen, Detritus oder Kotreste zu verhindern (je nach Eutrophierung und Wassertemperatur alle 1-7 Tage), und auf die Überwachung der Planktonentwicklung in dem betreffenden Gebiet. Dieses System ist besonders umweltfreundlich, da weder Futter noch Dünger eingebracht werden.
Die Besatzdichte beträgt, je nach Nährtieraufkommen, etwa 20.000-50.000 Brütlinge je 8 m^3 Gehege. Fressfähige Brütlinge werden in Gehege mit einer Maschenweite von 0,4-0,5 mm gesetzt, und die Überlebensrate beträgt etwa 30-50 %. Da die feinmaschigen Gehegenetze sehr schnell durch Algen verlegt werden, ist es besser, schon angefütterte Brütlinge ab einer Länge von 10-12 mm (10.000-20.000 St./8 m^3) in Gehege mit einer Maschenweite von 0,8-1,0 mm zu setzen, wobei die Überlebensrate etwa 70-80 % beträgt. Die Abfischgröße beträgt nach 3-4 Wochen ca. 2-3 cm bzw. nach 4-6 Wochen ca. 3-4 cm.

Die weitere Aufzucht kann auch in Netzgehegen aus Metall oder Kunststoff in Teichen oder Seen erfolgen. Der Vorteil der Netzgehege sind vor allem die geringen Investitions- und Betriebskosten und die schnelle Errichtung. Die Nachteile liegen bei der Gewässerbelastung durch Ausscheidungsprodukte, einer umweltabhängigen Produktion sowie der nur bedingten Beeinflussung des Verlustgeschehens.
Die Netzgehege haben vorzugsweise eine Größe von 5 x 5 bis 10 x 10 Meter und eine Tiefe von 3-5 Meter. Mehrere solcher Netzgehege sind meist paarweise zu einer Anlage zusammengeschlossen. Zum einfachen, sicheren Arbeiten sollte sich rundherum ein mindestens 1 Meter breiter Arbeitssteg befinden. Besonders bewährt haben sich Netze aus Polymer ummanteltem Polyester, die auch jahrelangem Dauereinsatz standhalten und weniger stark veralgen. Dabei entfällt auch die Beschwerung der Netze und sie verformen sich weniger bei stärkerer Strömung als Netze aus Polyamid. Die Maschenweite in mm sollte etwa der Fischlänge in cm entsprechen. Zwischen Netzboden und Gewässergrund sollte ein Abstand von mindestens 1-2 m bestehen. Die Verankerung kann mit Ankersteinen oder Pflugscharankern mit Schäkel und mindestens 5 m Kette, Boje, sowie Verankerungsseil (2-5 mal so lang wie die Stelle tief ist) erfolgen. Alle Seile sollten UV-beständig sein (Polyethylen), und zur Sicherheit sollte die Belastung nur 1/4 der Bruchlast betragen. Gelegentlich befindet sich auch eine schwimmende Serviceplattform (für Futter, Sortierung usw.) an der Gehegeanlage.
Um den entsprechenden Wasseraustausch zu gewährleisten, erfolgt die Reinigung der Netze mit speziellen Unterwasseraufsätzen für Hochdruckreiniger oder rotierenden Bürsten. Bei Wellengang ist die horizontale Strömungsgeschwindigkeit in den Gehegen um 1/3 bis 2/3 geringer als außerhalb der Gehege. Bei Windstille findet der Wasseraustausch vorwiegend durch eine vertikale Strömung in den Gehegen statt. Um eine zu starke Eutrophierung und die Ansammlung von Futterresten und Kotpartikeln unter den Gehegen zu verringern, kann ein Trichter aus Kunststofffolie unter die Netzgehege gespannt und diese damit aufgefangen und in Intervallen abgepumpt werden.
Die Netzgehege werden mit vorgestreckten oder besser einjährigen Fischen besetzt, die bereits gut Trockenfutter aufnehmen. Die Produktionsdauer erstreckt sich meist nur über das Sommerhalbjahr (Mai bis Oktober). Gefüttert wird entweder mit lebenden oder toten Weißfischen (ca. 2-4 %/Tag) oder pelettiertem Trockenfutter (1-2 %/Tag), wobei mit einer Wachstumsrate von 0,4-0,8 %/Tag zu rechnen ist. Die Besatzdichte in den Gehegen kann bis zu 10-20 kg/m^3 betragen.

Beleuchtete Netzgehegeanlage. (Foto: M. Hochleithner)

Organisch gedüngter Vorstreckteich. (Foto: M. Hochleithner)

TEICHWIRTSCHAFT:

Die Vorstreckteiche haben vorzugsweise eine Größe von 0,1-2,0 ha und sollten restlos ablassbar sein. Das Teichwasser sollte planktonreich sein und gute Sauerstoffverhältnisse bieten. Da die Verdunstung, vor allem im Sommer, bis über 1 l/s je Hektar betragen kann, sollte genügend Frischwasser zur Verfügung stehen. Der Teichboden sollte möglichst frei von schädlichen Gasen wie Schwefelwasserstoff (H_2S) oder Ammoniak (NH_3) sein. Mit Wasserpflanzen wie Laichkraut und vor allem aber mit Fadenalgen stark bewachsene Teiche eignen sich nicht zum Vorstrecken, da beim langsamen Absenken des Wassers während der Abfischung viele Fische auf und im Geflecht dieser Pflanzen hängen bleiben. Wird der Teich ständig durchflossen, muss man mit starken Abwanderungsversuchen der Zander rechnen und deshalb den Mönch mit einem entsprechenden Sieb bzw. Gitter versehen. Für die Entwicklung des Planktons bzw. zur Erhaltung des Gleichgewichtszustandes darf der Wasserwechsel pro Tag höchstens 10 % für Hüpferlinge (*Cyclops, Diaptomus*), 10-30 % für Wasserflöhe (*Daphnia, Ceriodaphnia, Bosmina*), 25-50 % für Rädertiere und maximal 50 % für Algen betragen.

Im günstigsten Falle sind 80-90 % des Teichbodens trocken. Einige Wochen vor dem Bespannen, bzw. dem vorgesehenen Besatztermin mit Brut, lockert man den Boden mit Egge oder Scheibenegge auf. Auf die maßgeblichen Flächen und Gräben streut man eine ausreichende Menge an Branntkalk (CaO). Wenn eine Bodenbearbeltung nicht möglich ist, sollte der ganze Teichboden gekalkt werden. Abhängig von der Bodenqualität, der erforderlichen Desinfektion und vom pH-Wert des Zuflusswassers, werden etwa 300-1.000 kg Branntkalk je Hektar möglichst fein verteilt, mit Streuer, Gebläse oder Pumpe, ausgebracht. Branntkalk hat nicht nur eine ertragssteigernde Wirkung, sondern aktiviert den Teichboden durch Schaffung günstiger Umweltbedingungen; außerdem wirkt er desinfizierend.

Der Auflockerung und Kalkbehandlung des Bodens folgt die Düngung. Sie bezweckt die Entwicklung eines für die Brut äußerst wichtigen Planktonbestandes. Deshalb müssen meist große Düngergaben angewendet werden. Je nach Nährstoffgehalt und Düngemittel werden die Dünger während der Vorbereitung auf den Teichboden ausgebracht, oder mit dem Zuflusswasser dem Teich zugeführt. Bei der Düngung ist auch die jeweilige Nährstofffracht im Zulaufwasser zu berücksichtigen, denn der Phosphoreintrag des Regenwassers kann 0,7-1,3 kg pro Hektar und Jahr betragen.

Phosphor ist einer der wichtigsten mineralischen Dünger und liegt in den Düngemitteln als Phosphat (Phosphorsäuresalz) vor. Von der Düngemittelindustrie wird der Phosphorgehalt als Phosphorpentoxyd (P_2O_5), einer bestimmten Form der Phosphorsäure, angegeben. Eine Düngung mit 30-50 kg P_2O_5/ha kann den Ertrag verdoppeln. Der Gehalt an P_2O_5 beträgt bei Thomasphosphat 16 %, Superphosphat 18 %, Hyperphosphat 29 % und bei Triple-Superphosphat 38 %. Super-, Hyper- und Triple-Superphosphat enthalten wasserlösliche Phosphorsäure und die Teichproduktion springt deshalb schon nach wenigen Tagen an. Die wasserlöslichen Phosphate dürfen allerdings nicht zusammen mit Branntkalk ausgebracht werden, da sich sonst eine schwerlösliche Verbindung bildet (Wartezeit 4 Wochen). Da Thomasphosphat schwer wasserlöslich ist, sollte es bereits im Winter bzw. etwa 4 Wochen vor dem Bespannen ausgebracht werden.

Generell werden die Teiche durch Zulauf- und Regenwasser, Bakterien und Blaualgen ausreichend mit Stickstoff (N) versorgt. In Vorstreckteichen, in denen eine hohe Produktivität gewünscht wird, lassen sich in vielen Fällen durch zusätzliche Stickstoffdüngung von etwa 200 kg pro ha weitere Ertragssteigerungen erzielen.

Um Blüten von Phytoplankton mit geringen Mengen an geeigneten Algen für das Zooplankton zu vermeiden, sollte das Verhältnis N:P über 7:1 betragen. Für die Produktion von Copepoden und Cladoceren eignet sich organischer oder anorganischer Dünger der ein N:P Verhältnis von 20:1 hat, am besten. Dieser sollte einmal pro Woche ausgebracht werden, bis der Gehalt an N etwa 0,60 mg/l und der Gehalt an P etwa 0,10 mg/l (aber der Gehalt an PO_4-P nicht über 0,03 mg/l) beträgt.

Da der Stickstoff im Teich nicht gespeichert werden kann, sind diese Düngemittel in etwa zehn Einzelgaben bis in die Monate Juli/August hinein zu verabreichen. Beispielsweise 200-250 kg Superphosphat und 1.000 kg schwefelsaures Ammoniak. Statt schwefelsaurem Ammoniak kann auch 800 kg Kalkammonsalpeter oder 500-600 kg Ammonsalpeter oder 400-500 kg Harnstoff verwendet werden. Wegen der Gefahr der Fischschädigung durch Ammoniak sollten bei einem pH-Wert über 8 keine ammoniumhaltigen Dünger mehr ausgebracht werden (pH-Wert am Abend messen).

In nahrungsarmen Teichen mit Sand- oder Urgesteinsböden fehlt häufig Kalium. In solchen Teichen sind 100-150 kg Kali pro Hektar zu veranschlagen. Eine Überdüngung mit Kalium führt jedoch zum Ertragsrückgang.

Organischen Düngern kommt neben der laufenden Nährstofffreisetzung auch eine entscheidende Bedeutung in der zusätzlichen Produktion von Kohlensäure zu, wodurch auch der pH-Wert günstig beeinflusst wird. Generell kann das Einbringen von bis zu 50 kg Kohlenstoff (C) pro Hektar und Tag (etwa 100 kg trockener oder 300 kg nasser Hühnerkot) die Fischproduktion in wärmeren Teichen merklich erhöhen oder im Vergleich zur anorganischen Düngung sogar verdoppeln, ohne dass dabei Probleme mit der Wasserqualität auftreten. Weiters kann als organischer Dünger etwa 3-5 t Stalldung je Hektar in kleinen Haufen im Uferbereich verteilt oder vor dem Fischbesatz auch bis zu 3-5 m^3 Jauche je Hektar verabreicht werden.

Dünge-Inhaltsstoffe (kg/m^3) des Mistes
der wichtigsten Haustierarten:
(Nach: Bohl et al., 1999)

Tierart (Mist)	**Stickstoff** (N)	**Phosphor** (als P_2O_5)	**Kali** (als K_2O)
Rind	4	2	5
Schwein	5	2	6
Pferd	6	3	5
Schaf	8	2	7
Huhn	17	16	9

Für Vorstreckteiche ist jedoch eine Gründüngung besonders geeignet (siehe Abb.). Die Einsaat von 10-20 kg (Roggen, Raps, Senf oder Senf und Hafer gemischt) je Hektar erfolgt im Frühjahr (März-April). Auch das Einbringen von 50 kg Heu (besonders Klee) je Hektar, an der Wasseroberfläche locker verteilt, bildet nach dem Prinzip des Heuaufgusses nach 1-2 Tagen eine hervorragende Nahrungsbasis für Nährtiere und eignet sich besonders zur Nachdüngung und Algenreduzierung.
Das Zulaufwasser wird über ein Sieb (Maschenweite 300 µm) gefiltert, damit größere Planktonkrebse wie Copepoden und Cladoceren nicht in den Teich gelangen können. Bei Eibesatz sollte der Teich 5-10 Tage, bei Brutbesatz 8-15 Tage vor dem Aussetzen etwa zu 1/3 bespannt sein. Ist dieser Wasserstand erreicht, wird der Zufluss vorläufig abgestellt.
In den ersten Tagen der Aufzucht sind speziell präparierte Vorstreckteiche mit Rotatorien-Monokultur am besten geeignet. Dies wird durch die Anwendung des Selektionseffektes der organischen Phosphorsäureester erreicht.

Dafür wird 1 ppm organischer Phosphorsäureester (z.B.: Dipterex, Flibol, Ditrifon) gleichmäßig ausgebracht und so die Entwicklung des Zooplanktons, besonders der Kleinkrebse (Copepoden und Cladoceren), zugunsten der Rädertierchen (Rotatorien) gehemmt. Diese vermehren sich dadurch in Monokultur binnen weniger Tage optimal. In dem auf diese Weise vorbereiteten Teichwasser entwickelt sich im Allgemeinen bis zur Besatzzeit ein reicher Bestand von Phytoplankton und Rotatorien. Zum erfolgreichen Vorstrecken sollten etwa 30-50 ml Rädertiere je Kubikmeter Teichwasser (mehrere Tausend Stück je Liter) vorhanden sein. Auch Wimpertierchen (Ciliaten), die zum Zeitpunkt des Schlüpfens der Brut in einer Menge von 30.000-60.000 St./l vorkommen können, haben möglicherweise einen wesentlichen Anteil an der Erstnahrung der Brütlinge. Kann man die Vermehrung des Planktons nicht feststellen, so kann das Planktonaufkommen durch eine weitere Mineraldüngergabe beschleunigt werden.

Nach der ersten Nahrungsaufnahme der Brut ist das Bespannen am 6. bis 8. Tag fortzusetzen, bis der Teich während der 4-6 Wochen dauernden Vorstreckperiode nach und nach voll angestaut ist. Der Zulauf ist jetzt mit einem Gitter so zu sichern, dass Fremdfische wie Barsche und Hechte nicht in den Teich gelangen können. Das frische Füllwasser verdünnt das ältere und bringt normalerweise größere Planktonkrebse (*Bosmina, Corethra, Cyclops, Diaptomus, Daphnia*) mit, deren Fortpflanzung im Teichwasser durch das Phosphorsäurepräparat verhindert worden war. Demzufolge vermehren sich diese Krebsarten mit Hilfe des Vorrats an Phytoplankton und Rotatorien sehr schnell. Dieser Vorgang kann noch beschleunigt werden, wenn von anderen Teichen gefangene Copepoden und Cladoceren ebenfalls zugeführt werden.

In der 4. bis 5. Woche nach dem Aussetzen sollten Kontrollen anhand von Probefängen mit Wurf-, Zugnetz oder Reusen mit einer Maschenweite von 2-4 mm durchgeführt werden. Falls ein entsprechender Bestand vorhanden ist, sollten zahlreiche 2-4 cm lange Jungfische gefangen werden. Ist der Zuwachs zu gering, sollte um im Herbst die notwendige Größe zu erreichen, ein Teil der Fische entnommen werden. Ab dieser Größe können die Fische auch gegebenenfalls auf Trockenfutter umgestellt werden (siehe Anfütterung). Auch der Planktonbestand zeigt, wie groß die Fischmenge ist; wenn er sich in der 5. bis 6. Woche augenfällig vermindert, aber das Zooplankton gleichzeitig gut genährt und der Teich wegen der Algen leicht trüb ist, kann man mit einem guten Ertrag rechnen.

Nährtierentwicklung im Vorstreckteich
sowie fressbare Größen für Jungfische:
(Nach: Bohl et al., 1999)

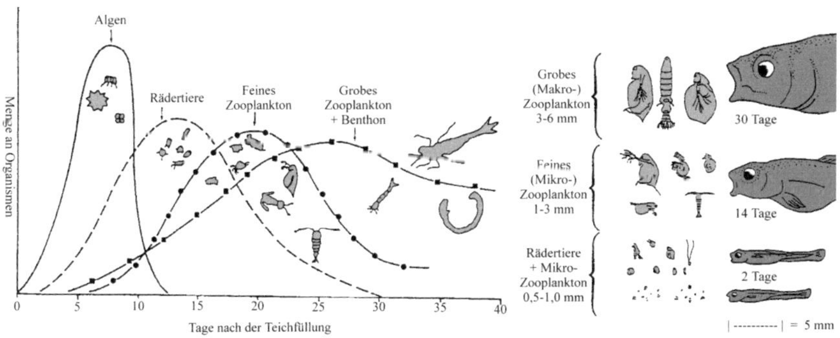

Der zum Vorstrecken bestimmte Teich ist pro Hektar mit 500.000-1.000.000 ausschlüpfbereiten Eiern oder mit 400.000-600.000 Stück fressfähiger Brut zu besetzen. In der Vorstreckperiode von 4-6 Wochen beträgt die durchschnittliche Überlebensrate bei eingebrachten Eiern 5-10 %, bei schon fressfähiger Brut 15-30 %. Die Besatzzahl wird einerseits durch den voraussichtlichen Verlust, andererseits durch die Nahrungsverhältnisse bestimmt. Bei sorgfältig vorbereiteten Vorstreckteichen erhalt man nach 4-6 Wochen ein Abfischergebnis von 50-250 kg/ha. Vorgestreckte wiegen durchschnittlich 0,5 g bei einer Größe von 3-4 cm und 1,0 g bei einer Größe von 4-5 cm. Die erreichbare Fischgröße hängt jedoch auch von der Besatz- bzw. Bestandsdichte ab. So kann nach 2 Monaten die durchschnittliche Abfischgröße von Walleyes von ca. 4 cm bei 5 St./m^3, 5 cm bei 4 St./m^3, 6 cm bei 2 St./m^3, 7 cm bei 0,6 St./m^3, 8 cm bei 0,2 St./m^3 und bis 9 cm bei 0,01 St./m^3 reichen.

Für die Produktion älterer Fische eignen sich sandige, hartgründige Teiche ohne Schlammablagerungen mit einer Größe von 1-10 ha und einer Tiefe von 1-3 m, die eine gute Sauerstoffversorgung haben. Unabhängig von der Größe des Teiches ist ein gut angelegtes Grabensystem, in dem das Wasser zügig abfließen kann, unerlässlich.

Für die Produktion einsömmeriger Fische kann der Besatz mit reifen Eiern oder, wenn größere Sicherheit erwünscht ist, mit Brut, oder noch besser, mit Vorgestreckten erfolgen. Bei der Abfischung im Herbst kann je nach Methode, Besatzdichte, Nahrungsangebot und Überlebensrate mit unterschiedlichen Ergebnissen gerechnet werden.

Beim Besatz von 1-2 Laichpaaren je Hektar in Abwachsteichen, kann im Herbst (150-200 Tage nach dem Schlüpfen) mit rund 50 kg an Einsömmerigen je Hektar gerechnet werden. Im Mittel beträgt die Größe und Menge der abgefischten Fische je Hektar etwa <10.000 Stück mit 12-13 cm oder >10.000 Stück mit 7-8 cm.
Bei Besatz von 1-2 Millionen Eier oder 100.000-500.000 Brütlinge je Hektar im Vorstreckteich kann nach etwa 1-2 Monaten mit rund 50-150 kg an vorgestreckten Fische mit ca. 0,5 g und einer Größe von 3-6 cm gerechnet werden. Die Überlebensrate beträgt dabei durchschnittlich etwa 20-70 %. Wird ein Teil der vorgestreckten Fische mit 2-3 cm heraus gefangen, kann die Besatzdichte anfangs etwas höher sein.
Für die Produktion einsömmeriger Fische werden die Eier meistens in mit kleinen, 10-20 g schweren einsömmerigen Karpfen (*Cyprinus carpio*) besetzten Teichen, seltener in Speisefischteichen, ausgesetzt. Die Zahl der auszusetzenden Eier hängt einerseits von deren Überlebensrate, andererseits vom Nahrungsangebot ab, das die Fische dann ab 5 cm Länge vorfinden werden.
Hat der Teich ein geringes Nahrungsangebot für die Brut, sind je Hektar durchschnittlich nur 1.000-2.000 Eier, bei mittlerem Nahrungsangebot 3.000-5000 Eier und bei gutem Nahrungsangebot 6.000-10.000 Eier für die Aufzucht zu Einsömmerigen auszusetzen. Beim geschützten Ausbrüten der Eier in Körben oder Kisten gelten 2-5 % der ausgesetzten Eizahl als Ertrag an Einsömmerigen in planktonreichen Teichen als gutes Ergebnis. Ohne geschützte Erbrütung und in planktonarmen Teichen liegt der Ertrag fast immer unter 1 %. Ist die Nahrung für die Brut anfangs knapp und finden die kleinen Zander als Raubfische später aber eine ausreichende Menge von Fischbrut vor, so können diese Mengen, einen größeren anfänglichen Verlust mit eingerechnet, auch verdoppelt werden. Besser ist es jedoch, solche Teiche erst später mit vorgestreckten Fischen zu besetzen.
Beim Besatz von 1.000-20.000 Stück vorgestreckten Zandern je Hektar im Streckteich mit eventuell 10 kg laichreifen Weißfischen (und 2.000-3.000 Stück einsömmerigen Karpfen die mit Getreide gefüttert werden sollten), kann im Herbst mit 10-50 % an einsömmerigen Zandern gerechnet werden. In gut gepflegten und gedüngten Teichen können sogar bis zu 1 t einsömmerige Barsche oder Zander je ha in Monokultur erzeugt werden.
Da sich Barsche und Zander als Raubfische ernähren, sollte im Teich viel Fischbrut von Weißfischen vorhanden sein. Die Größe der einsömmerigen Zander im Herbst beträgt etwa 5-8 cm in Nordeuropa, 8-15 cm in Mitteleuropa und 15-18 cm in Südeuropa.

Müssen sich die Zander den ersten Sommer ausschließlich von Zooplankton und Insektenlarven ernähren, erreichen sie in Mitteleuropa bis zum Herbst oft nur eine Größe von bis zu 8 cm. Ziel sollte jedoch eine Größe von mindestens 10 cm sein, da sich Zander erst von dieser Größe aufwärts (bzw. einem Fettgehalt von mind. 4-5 %) gut überwintern lassen. Außerdem darf der Winterteich nicht mit einer allzu großen Menge an Fischen besetzt werden.

Die nach Größe sortierten Zander sollten nur mit Futterfischen zusammen überwintert werden. Bei der Sortierung dürfen die einsömmerigen Zander höchstens 4-6 cm voneinander abweichen, denn sonst ist Kannibalismus unvermeidlich. Steht keine andere Fischart während der Überwinterung zur Verfügung, können die Zander notfalls auch mit kleinen einsömmerigen Karpfen gefüttert werden. Die Futterfische sollten höchstens eine Länge von 50 % der Raubfische haben und in einem Verhältnis von 3:1 ausgesetzt werden. Die Verluste während der Winterung betragen meist etwa 20-30 %.

Für die Produktion zweisömmeriger Zander werden Streck- oder Abwachsteiche verwendet. Die Besatzmenge an Zandern richtet sich nach der Menge an verfügbaren Futterfischen, welche im Sommer 3-6 cm erreichten werden. Wenn möglich, setzt man daher die durchschnittlich 100-300 Stück einsömmerigen Zander bereits im Herbst in den Teich, am besten zusammen mit 20-30 kg geschlechtsreifen Weißfischen (z.B.: Blaubandbärblinge: *Pseudorasbora parva*) je Hektar.

Bei der Verfütterung von Fischen an Barsche oder Zander mit 14-24 cm beträgt die Wachstumsrate etwa 1,0-1,2 %/Tag und der Futterquotient 6,0-6,5. Sie bevorzugen dabei Futterfische mit einer Länge von 25-50 % der eigenen Länge, speziell Blaubandbärblinge.

Für die Produktion dreisömmeriger Zander werden meist Teiche verwendet, in denen auch Karpfen heranwachsen. Zander dieser Größe bevorzugen Futterfische mit einer Länge von 5-10 cm. Als Besatz eignen sich daher etwa 250-300 Stück zweisömmerige Karpfen und 20-30 kg geschlechtsreife Weißfische (Rotaugen: *Rutilus rutilus*) je Hektar. Bei kleinem Nahrungsvorrat werden 10-30 zweisömmerige Zander, bei großem Nahrungsvorrat hingegen 30-100 Stück/ha ausgesetzt. Bei einer Überlebensrate von durchschnittlich 50-80 % kann mit einem Ertrag an dreisömmerigen Zandern (mit einer Länge von 30-40 cm und einem Gewicht von 400-800 g) von bis zu 50 kg/ha gerechnet werden.

In Karpfen- bzw. Naturteichen werden als Nebenfische oft auch bis zu 20 % Barsche mit abgefischt.

Für die Produktion zweisömmeriger Barsche können ebenfalls Naturteiche verwendet werden, wobei eine Fütterung ausschließlich mit Trockenfutter (Fütterungsrate im Winter 1 %, im Frühjahr 2 % und im Sommer 3 %) möglich ist und so bei einer Besatzdichte von 30.000 St./ha an einsömmerigen Barschen (á 8-10 cm und 5-15 g) im Herbst, dann im folgenden Herbst bei einer Überlebensrate von 90-95 % ein Ertrag von etwa 2 t/ha an zweisömmerigen Barschen abgefischt werden kann.
Für die Produktion einsömmeriger Walleyes werden in Nordamerika sowohl ablassbare Teiche als auch unablassbare Gewässer verwendet. Ablassbare Teiche haben meist eine Größe von 0,1-0,8 ha und erlauben bei einer Brutbesatzdichte von 200.000-400.000 St./ha, und einer Überlebensrate von 40-90 %, eine Abfischung (durch Ablassen) von 75-150 kg/ha. Dabei erreicht man in gedüngten Teichen, bei einer etwas höheren Überlebensrate (ca. 5 %), auch ein wesentlich höheres Abfischgewicht als in ungedüngten Teichen. Nicht ablassbare Weiher haben meist eine Größe von 1-50 ha und ermöglichen bei einer Brutbesatzdichte von 5.000-50.000 St./ha und einer Überlebensrate von 5-30 % eine Abfischung (mit Reusen) von 5-50 kg/ha. Dabei erfolgt in einigen Fällen auch eine Teilabfischung im Sommer und/oder der Besatz mit Futterfischen, wobei die Erträge bis zum doppelten gesteigert werden können. In nicht ablassbaren flachen Weihern erfolgt oft im Winter ein Fischsterben. Ist dies nicht der Fall, so wird meist mit Rotenon behandelt, um das Gewässer vor dem nächsten Besatz wieder fischfrei zu bekommen. Dies ist in anderen Ländern allerdings verboten.
Die Stoffwechselrate, Nahrungsaufnahme und das Wachstum steigt generell mit der Wassertemperatur an. Bei südlichen Populationen steigt das Wachstum generell steiler an, als bei nördlichen Populationen, nördliche Populationen haben aber generell eine bessere Futterverwertung. Der Futterquotient liegt bei der Verfütterung von Futterfischen, je nach Alter und Größe der Fische, im Allgemeinen bei 4-6. Beim Walleye wird ein akzeptabler Futterquotient (<10) bei nördlichen Populationen erst bei einer Wassertemperatur von über 15 °C und bei südlichen Populationen erst bei einer Wassertemperatur von über 20 °C erreicht, wobei der tägliche Zuwachs bei 20 °C etwa 2-4 % beträgt.

ABFISCHUNG:

Die Abfischung erfordert besonders große Sorgfalt und Vorsicht, denn Barsche und besonders Zander dürfen auf keinen Fall mit Schlamm in Berührung kommen, denn sonst ersticken sie unweigerlich. Man muss darauf achten, dass nicht zu viele Fische auf einmal in den Abfischkasten oder die Abfischgrube gelangen, da sich die Fische mit den Kammschuppen und Stachelstrahlen verletzen können. Außerdem können Verluste durch Sauerstoffmangel eintreten. Deshalb stellt man am besten in der Nähe der Abfischstelle ein gut durchflossenes Hälterbecken oder Hälternetz mit entsprechender Maschenweite auf. Bei der Abfischung verlassen die Zander schon bei hohem Wasserstand als erste – vor allem in der Nacht – mit der Strömung den Teich.
Barsche und Zander sind im ersten Monat bis zu einer Größe von etwa 3 cm positiv phototaktisch und können so in der Nacht mit Licht angelockt werden. Zum Abfischen der Vorgestreckten wird zuerst etwa die Hälfte des Wassers abgelassen, ohne dass die Fische entweichen können. Die nur wenige Zentimeter großen Fische kann man am besten mit einem Abfischkasten oder einer oben offenen Reuse mit einer Maschenweite von 2-4 mm, die vor oder hinter dem Mönch aufgestellt wird, abfangen. Dann wird das Wasser weiter abgelassen. Wird hinter dem Mönch abgefischt, muss geachtet werden, dass der Druck des Wassers, das zwischen den oberen Staubrettern durchströmt, nicht zu stark ist. Denn sonst werden die empfindlichen Fische beschädigt. Außerdem muss das über die Bretter abfließende Wasser in den Mönch zurück gestaut werden, damit die abwandernden Fische nicht auf den Boden des Mönchs fallen. Nachdem der Teich zu etwa 2/3 abgesenkt ist, wird zwischen dem Mönchboden und dem untersten Staubrett ein Spalt geöffnet, durch den die Fische abschwimmen können.
Ältere Zander werden am besten vor den anderen Fischen abgefischt. Auch das „Abschwimmenlassen" der Fische in die Abfischgrube hinter dem Mönch ist möglich. Wird mit dem Zugnetz vor dem Mönch gezogen, so kann der Großteil der Fische schon hier abgefischt werden. Wird das Wasser beim Zugnetz mit Hilfe einer Pumpe aufgefrischt, werden die Zander vom zufließenden Wasser angelockt. Notfalls können die größeren Karpfen durch ein weiträumig um den Mönch aufgestelltes grobmaschiges Netz solange vom Mönch ferngehalten werden, bis die meisten Zander abgefischt sind. Sind Zander mit anderen Fischen vor dem Mönch erst zusammengedrängt, kann man die Zander nur sehr schwer von den anderen Fischen aussortieren und die Verluste können sehr hoch werden.

Abfischen vorgestreckter Zander hinter dem Mönch. (Foto: M. Bódis)

Zandersetzlinge beim Fressen von Trockenfutter. (Foto: M. Bódis)

Management

FÜTTERUNG:

Der Nährstoffbedarf von Barschen liegt nahe bei dem für Forellen, wobei ein höherer Eiweiß- und geringerer Fettgehalt günstig sind. Das Trockenfutter sollte daher einen Gehalt an Rohprotein (Fischmehl, Sojamehl) von 38-42 % für Barsche und 48-52 % für Zander, und 10-20 % Rohfett (Fischöl, Sojaöl) haben. Futter mit höherem Fettgehalt führt zu höheren Überlebens- und Wachstumsraten, allerdings auch zu einer Verfettung der Leber und Leberdegeneration. Ungesättigte Fettsäuren (der Ω-3- und Ω-6-Reihe), am besten etwa 1:1, sind für das Wachstum essentiell. Fischöle sind daher bessere Fettquellen als Pflanzenöle. Ein Teil (ca. 50 %) des Fischöls kann auch durch Pflanzenöl ersetzt werden. Dabei ist jedoch zu beachten, dass der Gemeine Zander Rapsöl und der Wolgazander Leinöl nicht mag. Da Barsche gegenüber Fettoxidation empfindlich sind, ist die Futteraufnahme und der Zuwachs meist höher, und die Fetteinlagerung geringer, wenn die Fette mit einem Antioxidant wie Vitamin E (300 mg/kg) oder Astaxanthin (100 mg/kg) stabilisiert sind.
Das Verhältnis von Protein/Energie sollte etwa 20-24 g/MJ und der umsetzbare Energiegehalt etwa 3.500 kcal/kg betragen. Junge Zander wachsen zudem mit Futter für Süßwasserfische (niedriges Ca/P Verhältnis) besser als mit Futter für Meeresfische (hohes Ca/P Verhältnis).

Partikelgröße des Trockenfutters
in Abhängigkeit von der Fischgröße:

Fisch cm	2-4	4-7	7-12	12-15	15-20	20-30	30-40
Pellet mm	0,7-1,2	1,2-1,6	1,6-2,0	2,0-3,0	3,0-5,0	5,0-7,0	7,0-9,0

Tägliche Trockenfuttermenge in % vom Körpergewicht
in Abhängigkeit von Wassertemperatur und Fischgröße:

Fisch g	<1	1-5	5-20	20-100	100-500	>500
10-15 °C		2,0-3,0	1,0-2,0	0,5-1,0	0,2-0,5	0,0-0,2
15-20 °C	5,0-7,0	3,0-5,0	2,0-3,0	1,0-2,0	0,5-1,0	0,2-0,5
20-25 °C	7,0-9,0	5,0-7,0	3,0-5,0	2,0-3,0	1,0-2,0	0,5-1,0
25-30 °C	6,0-8,0	4,0-6,0	2,5-4,0	1,5-2,5	0,7-1,5	0,3-0,7

Um eine optimale Futterversorgung für einen akkuraten Ablauf der Produktion zu gewährleisten, sollten die Futtermengen regelmäßig an das erwartete Wachstum der Fische angepasst werden. Solange sich keine Anzeichen für eine Verschlechterung der anderen Rahmenbedingungen ergeben, kann nach obiger Tabelle gefüttert werden. Unter 5-10 °C sollte nicht mehr gefüttert werden, da kaum mehr ein Wachstum erfolgt, und bei Temperaturen über 25-30 °C muss die Fütterung reduziert werden, wenn zu wenig Sauerstoff für die Verdauung zur Verfügung steht. Verringert sich die Sauerstoffsättigung, so sollte im gleichen Prozentsatz die Fütterung reduziert werden. Bei der Verschlechterung der anderen Wasserparameter muss die Fütterung ebenfalls reduziert werden.

Der Zeitpunkt und die Art der Fütterung haben einen erheblichen Einfluss auf die Futteraufnahme und -verwertung. Je kleiner die Fische sind, desto öfter muss gefüttert werden. Es ist wichtig, laufend die Futteraufnahme zu kontrollieren und die Fütterung gegebenenfalls zu unterbrechen, um einen Futterverlust und damit eine Verunreinigung des Wassers zu vermeiden. Um ein starkes Auseinanderwachsen der Fische zu verringern, sollte das Futter möglichst großflächig verteilt werden. Eine Fütterung per Hand ermöglicht die Fische ständig zu kontrollieren und auf verändertes Verhalten schnell zu reagieren. Es hat jedoch den Nachteil, dass der Sauerstoffgehalt durch den erhöhten Sauerstoffbedarf nach der Fütterung oft stark abnimmt. Am zweckmäßigsten ist daher eine Fütterung mit Futterautomaten, die eine dosierte Futterverteilung während eines längeren Zeitraumes ermöglichen und damit zu einem günstigeren Zuwachs führen.

Die Fütterung, die sich über 12-16 h/Tag erstrecken sollte, erfolgt beim Anfüttern alle 5-10 und beim Vorstrecken alle 15-45 Minuten. Später wird das Futter auf mindestens 3-6 Futtergaben pro Tag aufgeteilt. Die Pelletgröße sollte bei Zandern stets so groß wie möglich sein.

Der Futterquotient liegt, je nach Futterzusammensetzung, Futterdarbietung und Wassertemperatur, im ersten Jahr üblicherweise bei unter 1 und kann später bei älteren Fischen bis auf über 2 ansteigen.

Der Sauerstoffbedarf ist abhängig von Wassertemperatur, Nahrungsaufnahme, Schwimmgeschwindigkeit und Fischgröße. Er beträgt bei Aktivität und einer Wassertemperatur von 5-15 °C bei einer Schwimmgeschwindigkeit von 0 cm/s etwa 50-100 mg/kg/h, bei 20 cm/s (bzw. 1 Körperlänge/s) rund 100-200 mg/kg/h, bei 30 cm/s etwa 200-350 mg/kg/h und bei 40 cm/s 350-600 mg/kg/h. Bei einer Wassertemperatur von 20-25 °C beträgt der Sauerstoffbedarf bei einem Körpergewicht von unter 1 g etwa 700-900 mg/kg/h, unter 10 g etwa 300-400 mg/kg/h und

bei einer Größe von über 100 g etwa 150-200 mg/kg/h. Der Mindestsauerstoffgehalt liegt bei etwa 4-5 mg/l. Ein Sauerstoffgehalt von unter 1-2 mg/l bei einer Wassertemperatur von über 20-25 °C führt bei gefütterten adulten Barschen zum Tod. Bei einer Wassertemperatur unter 5 °C können ungefütterte Barsche auch noch Sauerstoffgehalte bis unter 1 mg/l überleben.
Bei einer Wassertemperatur von 20-25 °C betragen die Ammoniumausscheidungen 40-70 mg/kg/h bei einer Größe unter 1 g, 20-30 mg/kg/h bei einer Größe von 10 g und 15-20 mg/kg/h bei einer Größe von etwa 100 g.

Stoffwechselrate (mg/kg/h) von adulten Barschen
als Sauerstoffaufnahme und Ammoniumausscheidung:
(Nach: Morgan in Thorpe, 1977)

Wassertemperatur	Standardstoffwechsel		Routinestoffwechsel	
°C	O_2	NH_3	O_2	NH_3
5	12,8	2,5	39,1	1,6
10	63,5	2,3	78,2	2,8
15	54,5	8,3	13,7	3,3

Teilkreislaufanlage mit Uhrwerk-Bandautomaten. (Foto: M. Hochleithner)

KRANKHEITSBEHANDLUNG:

Hygiene ist eine grundsätzliche Anforderung für erfolgreiche Fischzucht. Verendete Tiere sind möglichst sofort zu entfernen. Alle Geräte sind regelmäßig mit geeigneten Mitteln (10 %iges Formaldehyd) zu desinfizieren. Bei Becken kann die Desinfektionslösung (0,3-0,5 l/m^2) gut mit einer Gießkanne verteilt aufgebracht werden. Die Einwirkzeit ist temperaturabhängig und sollte mindestens 30 min bei 20 °C, 60 min bei 12 °C, oder 150 min bei 4 °C betragen. Teiche werden am besten sofort nach dem Abfischen mit Brannt- oder Chlorkalk desinfiziert, allerdings muss der Teich zur Beseitigung zu hoher pH-Werte vor einem neuen Besatz 2-6 Wochen lang gefüllt und nochmals abgelassen werden.
Grundsätzlich muss festgehalten werden, dass bei "vernünftiger" Haltung der Fische unter guten Bedingungen viele Krankheiten erst gar nicht auftreten. Umweltfaktoren haben also direkt oder indirekt einen großen Anteil am Entstehen von Krankheiten. Vor allem bei schlechten Haltungsbedingungen in der intensiven Produktion kann es zum Auftreten von Krankheiten kommen. Diese sollten, wenn möglich, unmittelbar bekämpft werden, langfristig sind die Haltungsbedingungen zu verbessern. Das Vorliegen einer Erkrankung kann oft schon am veränderten Verhalten der Fische (Fressunlust) festgestellt werden.
Durch UV-Bestrahlung des Wassers können Parasiten, Bakterien und Viren abgetötet werden. Bei einer Dosis von 20-30 mWs/cm^2 etwa *Aeromonas, Sarcina, Saprolegnia*, und bei einer Dosis von 100-300 mWs/cm^2 etwa *Trichodina* und *Ichthyophthirius*. Zur 90 %igen Reduzierung reicht etwa die Hälfte bis ein Drittel der Dosis aus. Zu beachten ist aber, dass mit der Trübung im Wasser auch die Absorption der Strahlung von 3 auf 60 %/cm Bestrahlungstiefe steigen kann.
Gegen viele Außenparasiten (*Chilodonella, Trichodina, Dactylogyrus, Gyrodactylus*) bietet sich 36 %iges Formaldehyd, für eine Kurzzeitbehandlung (0,5-2,0 h) in einer Dosis von 200-300 ppm bzw. für eine Langzeitbehandlung (12-48 h) in einer Dosis von 20-30 ppm, als Bad an. Als Alternative eignet sich für einige Außenparasiten (*Trichodina, Argulus, Ergasilus*) stattdessen auch Kochsalz (NaCl) in einer Dosis von 1-2 % für ca. 1 h. Während des Behandlungsbades werden die Fische beobachtet, um im Fall von Stressreaktionen frisches Wasser beizufügen oder gegebenenfalls die Behandlung zu unterbrechen. Da Salz eine starke Schleimabsonderung hervorruft, in der sich meist die Parasiten befinden, ist es besser, das Bad in einem großen Transportbehälter oder ähnlichem durchzuführen und das Behandlungswasser anschließend zu entfernen.

Behandlung gegen verschiedene Ektoparasiten
bei positiver Diagnose:

Erreger	Chemikalie	Konzentration	Dauer
Einzeller	Kochsalz (NaCl)	1,0-2,0 %	für 1 Stunde
– „ –	Formaldehyd (36 %ig)	300 ppm	für 1 Stunde
– „ –	Wasserstoffperoxyd	100 ppm	für 1 Stunde
– „ –	Detarox AP	20 ppm	für 1 Stunde
– „ –	Chloramin T	15 ppm	für 1 Stunde
– „ –	Kaliumpermanganat	10 ppm	für 1 Stunde
– „ –	Trypaflavin	10 ppm	für 1 Stunde
– „ –	Chlorkalk	2 ppm	für 1 Stunde
– „ –	Kupfersulfat	1 ppm	für 1 Stunde
Gyrodactylus	Peressigsäure (40 %ig)	3 ppm	für 24 Stunden
Dactylogyrus	Formaldehyd (36 %ig)	20 ppm	für 24 Stunden
Piscicola	Branntkalk	2000 ppm	für 10 Sekunden
Ergasilus	Trichlorphon	0,5 ppm	für 5 Minuten
Argulus	Trichlorphon	0,3 ppm	für 12 Stunden

Abkürzungen. ppm – **p**art **p**er **m**illion (Teil pro Million) = 1 g bzw. 1 ml/m3 oder 1 mg/l.

Achtung: *Einige Mittel sind in manchen Ländern nicht mehr zulässig oder nur über den Tierarzt per Verschreibung erhältlich!*

Bei der Verwendung von Chemikalien oder Medikamenten sollte man zur Vorsicht erst einen Test mit einer kleinen Anzahl von Fischen (10 Stück) durchführen. Bei größeren Krankheitsproblemen sollte man unbedingt den Fischgesundheitsdienst um Rat fragen, bzw. einige Lebendfische zur Untersuchung einschicken. Einige Medikamente sind ohnedies nur über den Tierarzt erhältlich, da verschreibungspflichtig.
Eine Desinfektion der Eier ist mit 100 ppm Iodophore (1 % Aktivjod) für 10 Minuten möglich, dies darf aber erst nach dem Quellen erfolgen, denn sonst sind die Verlust hoch, zumindest beim Zander und Walleye.
Bakterienkrankheiten können mit Antibiotika (verschreibungspflichtig) behandelt werden, allerdings wird auf die Angabe von Antibiotika zur prophylaktischen Behandlung bewusst verzichtet, da dies bei unsachgemäßer Anwendung nur zu unerwünschter Resistenzbildung führen würde. Wenden Sie sich bitte an den für Sie zuständigen Fischgesundheitsdienst (siehe Anhang). Durch eine 4-wöchige Verfütterung von β-Hydroxy-β-Methylbutyrat (50 mg/kg/d) kann die Immunabwehr gegen Bakterien erhöht und damit können die Verluste um bis zu 40 % verringert werden.
Viruserkrankheiten können nicht behandelt werden, allerdings sind dabei generell alle tierseuchenrechtlichen Bestimmungen zu beachten.

SORTIEREN:

Ein wichtiges Kriterium für optimales Wachstum ist die Größenzusammensetzung der gehaltenen Fische. Speziell bei der Fütterung mit Trockenfutter ergeben sich bei den Fischen innerhalb von Wochen signifikante Größenunterschiede. Aber auch in den folgenden Monaten lässt sich ein Auseinanderwachsen der Fische (durch unterschiedliches Erbgut) immer wieder beobachten. Unter intensiven Aufzuchtbedingungen wachsen die Weibchen beim Barsch ab einer Länge von 8-12 cm und einem Gewicht von 5-10 g und beim Zander ab einer Länge von 20-25 cm und einem Gewicht von 100-150 g schneller als die Männchen. Auch durch Anpassung und Verdrängung kann es zum Auseinanderwachsen der Fische kommen. Die Folge, gerade bei punktueller Fütterung, ist, dass nur die dominanten Fische an das Futter gelangen und sich somit die Größendifferenzen verstärken, was bis hin zu erhöhtem Kannibalismus und Mortalität der schwachen Tiere führen kann. Zur Vermeidung solcher teilweise haltungsbedingten Probleme ist eine regelmäßige Sortierung der Tiere in verschiedene Größenklassen notwendig und sollte je nach Wachstum durchgeführt werden. Grundsätzlich gilt, je intensiver die Produktion, desto häufiger sollte sortiert werden. Die Sortierung in einzelne Größenklassen hat eindeutig eine positive Auswirkung auf Wachstum und Mortalität.

Vor der Sortierung wird die Futtergabe mindestens einen Tag abgesetzt, damit die Tiere einen reduzierten Sauerstoffbedarf haben und weniger stressanfällig sind. Für die Sortierung werden für kleinere Mengen meist manuelle Sortiergeräte und für größere Mengen oft automatischen Sortiermaschinen verwendet, die in verschiedene Größenklassen (meist 2-4) sortieren. Nach der Sortierung sollten die Fische innerhalb einer Größenklasse nicht mehr als 10-20 % vom Durchschnittsstückgewicht abweichen. Wichtig ist auch die exakte Dokumentation der Mengen, da die Daten die Basis für die weiteren Berechnungen darstellen.

Mit Trockenfutter gefütterte Zander sollten ab einem Alter von 1 Monat anfangs etwa alle 2-3 Wochen, später alle 2-3 Monate sortiert werden. Durch die Sortierung kann es zu 5-6 % Wachstumseinbußen kommen. Nach dem Sortieren können die kleineren Fische jedoch meist wieder ihr Wachstumsdefizit aufholen. Sie erreichen ähnliche Wachstumsraten und nach mehreren Monaten fast die gleiche Größe wie die größeren Fische. In den Naturteichen ist eine geordnete Sortierung natürlich nur beim Besatz und der (herbstlichen) Abfischung möglich.

TRANSPORT:

Eier können transportiert werden, nachdem ein Drittel der Reifeperiode hinter ihnen liegt, jedoch noch bevor ein weiteres Stadium der Embryonalentwicklung erreicht ist. Denn nach der Befruchtung kann schon bei leichter Erschütterung der Keim im Inneren des Eies sehr leicht beschädigt werden und das Ei absterben. Diese empfindliche Phase (Stadium 1-4) erstreckt sich über 10-60 Stunden bei 10 °C bzw. 3-25 Stunden bei 15 °C und 2-20 Stunden bei 20 °C. Im Zeitabschnitt zwischen Stadium 1 und 4 darf also der Laich nicht befördert werden. Gegen Ende der Reifeperiode (Stadium 9-11) können Erschütterung und vor allem eventuell auftretender Sauerstoffmangel noch vor dem Eintauchen der Eier ins Wasser ein frühzeitiges Ausschlüpfen bewirken. Am besten sind also die Eier im Zeitabschnitt zwischen Stadium 4-8, also nach der Entwicklung des Kopfansatzes und vor der einsetzenden Embryonalentwicklung (siehe Anhang), zu transportieren.
Für den Transport müssen die Zandernester auf der Eier-Seite mit feiner, nasser Gaze und auf der anderen Seite mit einem Kunststoff-schwamm bedeckt oder in feuchte Leinentücher eingewickelt werden. Über die so versorgten Nester legt man noch ein paar Eisstücke und gibt sie in einen Plastikbeutel, den man mit einem Gummiring verschließt. Diese Pakete legt man dann in eine mit übereinander liegenden Fächern versehene Kiste, deren Fächer so groß wie die Zandernester sind. Der Deckel besteht aus einem flachen, durchlöcherten Behälter aus rostfreiem Material, der während der Beförderung Scherbeneis oder Eiswürfel aufnimmt. Die Kiste deckt man mit einer Plane ab, sodass ein kühler und feuchter Raum entsteht.
Die Eier können bei entsprechender Verpackung, mit Eis gekühlt, auch per Eisenbahn oder Flugzeug verschickt werden. Bei fachgemäßer Verpackung können die Eier sogar eine Reise von 2-4 Tagen ohne Schaden überstehen. Beim anschließenden Aussetzen muss man auf den Temperaturausgleich achten, denn plötzliche Temperaturdifferenzen von mehr als 5-8 °C schädigen die Eier.
Larven und Brütlinge werden entweder in etwa 0,1 mm starken, halb mit Wasser und halb mit reinem Sauerstoff gefüllten 30-50 l fassenden Plastiksäcken oder in kleinen 100-1000 Liter fassenden Kunststoff-behältern mit Sauerstoffversorgung transportiert. Um Temperatur-schwankungen zu minimieren, verwendet man bei wärmerem Wetter und längeren Transporten am besten Kisten aus Styropor oder isolierte Kartons, in denen die mit Sauerstoff aufgefüllten und dicht verschlossenen Säcke gelegt werden.

Kleinere Mengen an vorgestreckten, einsömmerigen oder älteren Fischen können ebenfalls in mit Sauerstoff gefüllten Plastikbeuteln transportiert werden. Dabei ist aber zu beachten, dass größere Fische mit ihren Stacheln den Plastikbeutel durchlöchern können. Größere Mengen hingegen sollten ohnedies in gut verschließbaren Behältern aus Kunststoff (Polyester oder Polyethylen) mit Sauerstoffversorgung befördert werden. Für längere Transporte eignen sich am besten weiße, isolierte Behälter, da diese sich nicht so schnell erwärmen wie dunkle. Ein Ablassventil und eine Ablassschleuse sind dabei vorteilhaft für das Entleeren des Behälters.
Die meist rechteckig gebauten Transportbehälter sollten quer zur Fahrtrichtung montiert und befestigt werden, da dann das Wasser beim Fahren bzw. Bremsen am wenigsten schwappt. Der Behälter sollte möglichst voll mit Wasser aufgefüllt werden, und darf dabei später auch kein Wasser verlieren. Dazu eignen sich spezielle kuppel- oder rahmenartige Spritzschutz-Aufsätze, die über den Deckel hinaus reichen. Das Entweichen des aus dem Auströmer aufsteigenden Sauerstoffs ist durch das Anbringen eines Ventils zu lösen, das den Wasseraustritt dennoch möglichst verhindert. Kann das Gas nicht entweichen, entsteht im geschlossenen Behälter ein Überdruck, der die Sauerstoffverteilung unterbindet und zu hohen Mortalitäten führen kann. Der Sauerstoff wird bei Gummiausströmern zu etwa 10-30 % und bei Keramikplattenausströmern zu 50-90 % genutzt. Eine Belüftung mit Luft über Kompressor bietet sich vor allem bei kleineren Mengen an.
Besatzfische werden am besten nur mit einem Wasser-Umwälzverfahren befördert (siehe Abb.). Dabei treibt die 12-Volt Anlage des Zugfahrzeuges im Transportbehälter je 1-3 am Behälterboden montierte Tauchpumpen an. Die Pumpen sind mit einem exakt passendem Siebgitter und Filteranlage vom übrigen Behälter abgetrennt. Eine ebenfalls eingebaute Vorrichtung reichert das von den Pumpen angesaugte Wasser in einem bestimmten Verhältnis mit Luft an und spritzt das gefilterte, mit natürlichem Luftsauerstoff versehene Wasser (1-3 l/s) über Düsen an der Oberfläche zurück in den Behälter. Das sauerstoffarme Wasser wird am Grund des Behälters nun wieder angesaugt, gefiltert und angereichert in den Behälter zurückgepumpt. Neben einer gewissen Strömung beruhigt das Regnen die Fische während des Transportes sichtlich und sie stehen viel ruhiger. Außerdem wird eine Überdosierung von Sauerstoff, gegen welche Barsche und Zander besonders empfindlich sind, vermieden. Aufgrund der geringeren Verluste nach dem Aussetzen, lohnt sich der technische Aufwand in jedem Fall.

Transportmenge in Stück je Liter Wasser
in Abhängigkeit von Transportdauer und Wassertemperatur:

Transport im	Plastiksack			Transportbehälter			Dauer
Temperatur °C	10	15	20	10	15	20	h
Brut 5-7 mm	2500	2000	1500	1000	800	600	5
	2000	1500	1000	800	600	400	10
	1500	1000	500	600	400	200	15
Vorgestreckt 3-5 cm	100	80	60	90	70	50	5
	80	60	40	70	50	30	10
	60	40	20	50	30	10	15
Einsömmerig 10-12 cm	7	6	5	9	7	5	5
	6	5	4	7	5	3	10
	5	4	3	5	3	1	15
Zweisömmerig 20-25 cm	0,6	0,5	0,4	1,2	0,9	0,6	5
	0,5	0,4	0,3	0,9	0,6	0,3	10
	0,4	0,3	0,2	0,6	0,3	0,1	15

Das Verhältnis Fischmenge zu Transportwasser ist wesentlich abhängig von Fischgröße, Wassertemperatur sowie Transportdauer und sollte höchstens 1:10 bis 1:20 betragen (siehe auch Tab.).
Bei einer Wassertemperatur von 5 °C kann die Transportmenge um 10-20 % erhöht werden. Darunter sollten Barsche und Zander nicht mehr transportiert werden, auch nicht bei Wassertemperaturen über 20 °C. Bei einer Transportdauer von über 15 Stunden ist ein Wasserwechsel notwendig. Optimal für einen Besatz ist eine Wassertemperatur von 10-15 °C. Die Temperaturdifferenz sollte nicht mehr als 5 °C betragen.
Für den Transport werden die Fische, je nach Dauer, Temperatur und Fischgröße, mindestens einen Tag vorher nicht mehr gefüttert, um die Ausscheidungen während des Transportes geringer zu halten.
Das Be- und Entladen sollte möglichst vorsichtig erfolgen und der verwendete Kescher sollte möglichst flach sein und nicht zu voll beladen werden. Der Aufenthalt in der Luft sollte, vor allem bei Zandern, so kurz als möglich und so gering wie nötig gehalten werden, da er Stress verursacht und auch Verluste verursachen kann.
Um den Schleimverlust zu minimieren und da die Schleimproduktion relativ gering ist, sollte der Transport älterer Fische grundsätzlich nur im Frühling und Herbst durchgeführt werden. Außerdem sind dio Fische bei kälterem Wasser weniger aktiv. Um den Stress zu minimieren, wird generell der Zusatz von 3-5 g Salz (NaCl) je Liter Wasser während des Transportes empfohlen.

Durch die Bewegung des Wassers können größere Barsche und Zander, besonders aber ihre vorstehenden Augen, beim gegenseitigen Aneinanderreiben und beim Stoßen an die Wand des Behälters leicht beschädigt werden. Zu den diesbezüglich besonders empfindlichen größeren Zandern können als Pufferfische kleinere Weißfische (Schleien oder Rotaugen) in den Transportbehälter gesetzt werden, um dadurch dem schädlichen Aneinanderstoßen vorzubeugen. Größere Karpfen eignen sich aufgrund ihrer Kraft nicht als Pufferfische, da sie mehr schaden als nützen. Beim Transport mit Pufferfischen rechnet man höchstens 150 kg Zander je Kubikmeter Wasser.
Für den schonenden, einfachen innerbetrieblichen Transport haben sich die auf einen Hubstapler montierbaren Behälter, die teilweise eine Mess- oder Wiegeeinrichtung besitzen, sehr bewährt. Das Entladen der Fische erfolgt durch Heben und Nachvornekippen des Behälters. Die Fische werden über eine Schleuse und einen daran anschließenden Schlauch mit 20-30 cm Durchmesser entlassen.
Da Fische um etwa 1-2 % schwerer als Wasser sind, können sie für den innerbetrieblichen Gebrauch auch über das verdrängte Wasservolumen gemessen werden.

Transportbehälter mit Spritzschutz und Umwälzsystem. (Foto: M. Hochleithner)

AUSBLICK:

Zander und Barsche sind relativ neue, viel versprechende Fische für die intensive Aufzucht in der Aquakultur und es ist zu erwarten, dass sich Anpassung und Wachstum noch erheblich verbessern lassen.

Für die Erzeugung ausschließlich weiblicher Fische, die später geschlechtsreif werden und 15-25 % schneller wachsen als männliche, wendet man die diploide Gynogenese und/oder eine indirekte Hormonbehandlung an. Die Basis für weibliche monosex Bestände sind phänotypische Männchen mit weiblichem Genotyp, deren Sperma zur Befruchtung von Eiern normaler Weibchen verwendet wird.

Für die diploide Gynogenese wird, um das männliche Genom zu eliminieren, das Sperma in einer 1 mm dünnen Schicht mit UV-Licht (~254 nm) bei einer Dosis von 4.000-6.000 Ergs/mm^2 für 400 Sekunden bestrahlt und für die Befruchtung normaler Eier verwendet, die anschließend durch eine physikalische Schockbehandlung (Temperatur oder Druck) zum Erhalt der Diploidie des Erbgutes veranlasst werden. Es entstehen so großteils nur weibliche Fische mit weiblichem Erbgut, die eine große Erbgleichheit (Homozygotie) mit der Mutter haben.

Diese Schockbehandlung wird mit einem Temperaturschock von 28-30 °C, für 15-25 min., 5-7 Minuten nach der Befruchtung durchgeführt. Mit einem Druckschock bei 557-627 kg/cm^2 (8.000-9.000 psi) für 12-30 Minuten erreicht man in etwa das gleiche Ergebnis. Die Befruchtung, Erbrütung und Aufzucht selbst erfolgt bei ganz normalen Wassertemperaturen, allerdings treten durch die Schockbehandlung um 20-30 % höhere Verluste auf. Werden normale Eier dieser Schockbehandlung unterzogen, so entstehen triploide und somit sterile Fische.

Für die Hormonbehandlung werden die weiblichen Fische bei einem Gewicht von 50-70 mg mit Futter, das 10-40 mg α-17-Methyltestosteron je kg enthält, für 30-60 Tage bei 20-22 °C gefüttert und so in phänotypische Männchen verwandelt. Das Testosteron wird dabei in 95 % Alkohol (0,6 l/kg Futter) aufgelöst und einen Tag vorher auf das Futter aufgesprüht. Das Sperma dieser genotypischen Weibchen wird nun für die Befruchtung von normalen Eiern verwendet und die so erzeugten Fische sind zu 95-100 % weiblich. Diese funktionellen Männchen haben jedoch oft keinen Samenleiter und müssen aufgeschnitten werden.

Eine Hormonbehandlung ist nur für Zuchtfische zulässig, die nicht für den menschlichen Verzehr bestimmt sind. In einigen Ländern ist sie auch verboten. Aus den mit Sperma "äußerlicher" Männchen befruchteten Eiern entwickeln sich ausschließlich normale weibliche Fische, die selbst nie einer Hormonbehandlung ausgesetzt wurden.

Fischerei

GESCHICHTE:

In Europa wurden Barsche und Zander seit Jahrhunderten als Speisefische geschätzt. Sie zählen zu den wertvollsten Fischarten und haben eine erhebliche fischereiliche Bedeutung.
Am Plattensee ist die Fischerei seit etwa 7.000 Jahre vor Chr. bekannt. Archäologische Überreste von Barschen und Zandern aus menschlichen Siedlungen deuten auf eine frühe Nutzung in der Fischerei hin. So wurden Funde an der Südküste der Ostsee auf 6.000-3.000 Jahre vor Chr. und Funde vom Oberlauf des Dnjepr auf 2.700-400 Jahre vor Chr. datiert. In Nordamerika wurden Barsche und Zander vermutlich erst durch die europäischen Einwanderer genutzt. In einigen Gegenden in den USA wird aber auch heute noch von der indianischen Bevölkerung mit Speeren gefischt, vor allem zur Laichzeit.
Der Fang erfolgt heute neben der Angelfischerei, die sich im 20. Jahrhundert stark ausbreitete, vor allem mit verschiedenen Zug- und Stellnetzen, sowie gelegentlich mit Reusen und Legleinen.
Kiemennetze haben meist eine Länge von 50 m und eine Höhe von etwa 2 m. Die Maschenweite und Garnstärke (0,1-0,2 mm) hängt von der zu fangenden Fischart bzw. -größe ab. Gebräuchlich sind Maschenweite von 20-50 mm für Barsche und 50-100 mm für Zander, wobei mit einer Maschenweite von etwa 60-70 mm beim Zander der höchste Ertrag erwirtschaftet werden kann. Die Selektivität kleinerer Maschenweiten ist oft geringer als jene größerer Maschenweiten. Mit einer Maschenweite von 22 mm werden Barsche mit einer Länge von durchschnittlich 16 cm gefangen, mit 28 mm Barsche von 20 cm, mit 32 mm Barsche von 23 cm und mit 34 mm Barsche mit 25 cm. Mit einer Maschenweite von 50 mm werden überwiegend Zander mit einer Länge von 25-55 cm gefangen, mit 75 mm Zander von 35-65 cm und mit 100 mm Zander von 45-75 cm. Monofile Nylonnetze sind um 20-50 % fängiger als multifile Baumwollnetze. Dunkle (blaue und grüne) Netze und Leinen sind dabei fängiger als helle (weiße oder gelbe). Netze, die parallel mit dem Ufer gesetzt werden, fangen dabei meist weniger Fische als solche, die gegen das Ufer gesetzt werden.
In einigen Seen (z.B.: Plattensee) erfolgt der Fang meist mit 100-1.000 m langen und 2-5 m tiefen Zugnetzen, die im Sack eine Maschenweite von 20-40 mm haben. Der durchschnittliche Tagesfang an Barschen beträgt dabei in kleineren Seen (<100 ha) weniger als in großen (>500 ha) etwa 10-30 kg im Sommer und 35-55 kg im Winter.

Gelegentlich erfolgt der Fang auch mit 100-300 m langen 3-4 mm starken Legleinen die im Abstand von etwa 5-15 m ein 0,5 mm starkes Seitenvorfach mit einem Angelhaken besitzen, der für Barsch und Zander mit einem Köderfisch oder für Kaulbarsch und Zingel mit einem Wurm beködert ist. In einigen Seen wird auch mit Reusen gefischt.

Weltweite Gesamtausbeute
aus Fischerei und Aquakultur
(Nach: Shatz, 2000)

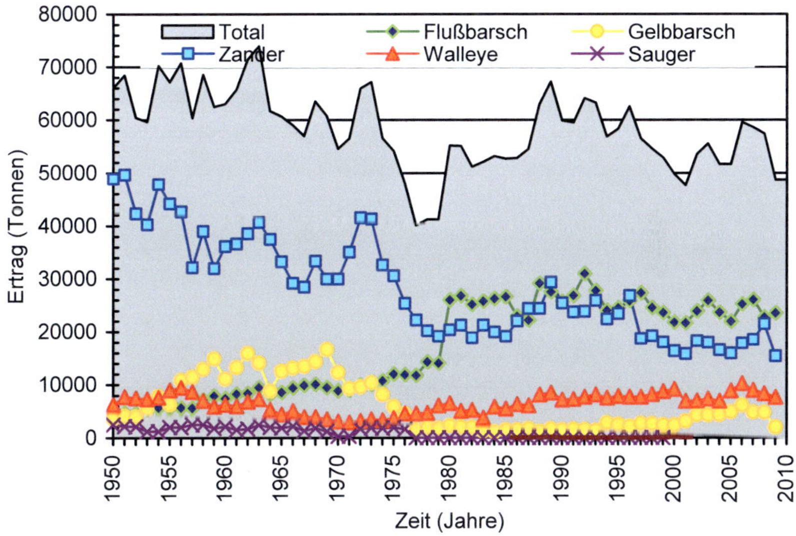

Der jährliche Weltfang an Barschen (*Perca spp.*) und an Zandern (*Sander spp.*) betrug durchschnittlich in den 1950er Jahren 13.885 t und 51.509 t, in den 1960er Jahren 22.274 t und 41.402 t, in den 1970er Jahren 17.831 t und 35.121 t, in den 1980er Jahren 27.484 t und 28.197 t, in den 1990er Jahren 28.228 t und 30.575 t, und in den 2000er Jahren 27.768 t und 25.581 t.

Mitte der 1990er Jahre betrug der jährliche Weltfang an Barschen 28.560 t und der an Zandern 31.350 t, wobei sich der Anteil der verschiedenen Länder etwa wie folgt aufteilt (siehe Abb.). Den höchsten Fangertrag an Barschen und Zandern zusammen hatte Finnland (32,5 %), gefolgt von Kanada (17,7 %), Russland (11,9 %) und Kasachstan (10,7 %), sowie der Türkei (10,6 %).

Anteil am Weltfang der Barsche
von 28.560 t (Durchschnitt Mitte der 1990er Jahre):

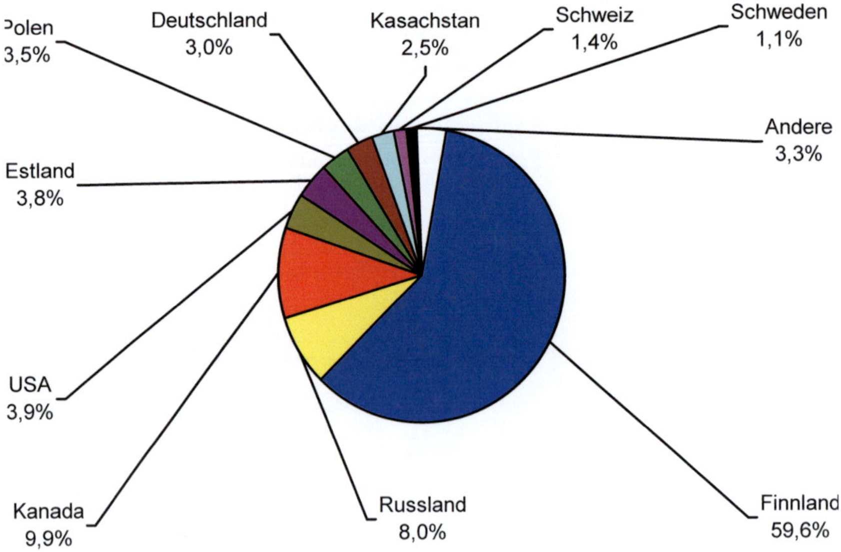

Anteil am Weltfang der Zander
von 31.350 t (Durchschnitt Mitte der 1990er Jahre):

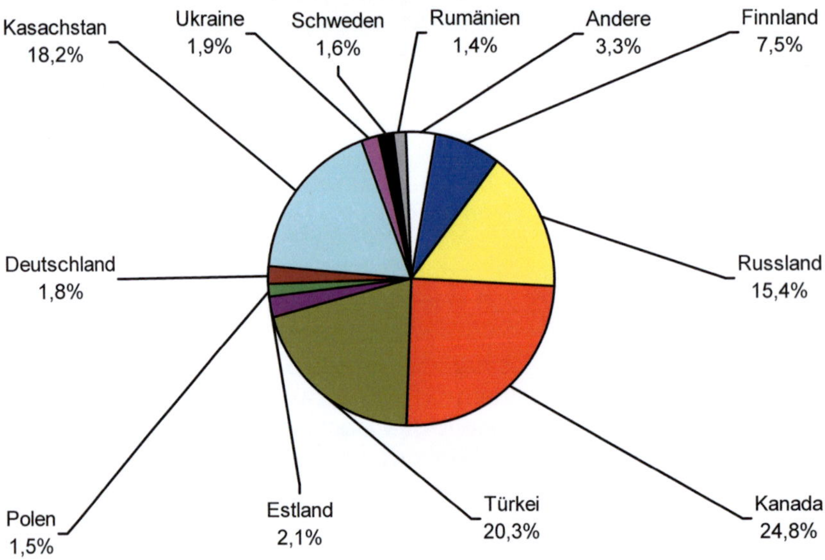

Stellnetzfischerei. (Foto: R. Eilmannsberger)

Größerer Zander aus einem Stausee. (Foto: M. Hochleithner)

ANGELN:

Neben der Berufsfischerei gibt es auch Gewässer, wo die Angelfischerei auf Barsche einen sehr hohen Stellenwert besitzt (z. B.: Bodensee), und in manchen Jahren von den Angelfischern Tonnen von Barschen gefangen werden.
Die Methoden der Angelfischerei sind vielfältig. Der folgende Überblick über die einzelnen Befischungsmöglichkeiten erhebt keinen Anspruch auf Vollständigkeit. Dem Interessierten gibt er jedoch einen kleinen Einblick in den angelfischereilichen Fang.

Fischen mit der Hegene

Massenfänge von Barschen werden in der Regel nur mit der Hegene ermöglicht. An eine etwas stärkere monofile Hauptschnur (für größere Tiefen heutzutage oft aus Dyneema oder anderen Polyfasern), die meist auf einer Haspel aufgewickelt ist, wird über einen Karabiner ein Vorfach von 3-5 m Länge befestigt. An dessen Ende sitzt ein Birnenblei. Auf dem Vorfach werden in regelmäßigen Abständen mittels Chirurgenknoten 3-5 Springer befestigt. Stehen die Barsche tief am Grund, so verkürzt man die Abstände der unteren drei Springer zueinander. Am Ende des Springers sitzt ein "Nuggi". Dies ist ein Goldhaken auf den ein kleiner Gummischlauch, meist in den Farben weiß, rot, gelb oder grün oder in Mischfarben geschoben wird. Der Abstand zwischen Hauptschnur und Nuggeli darf nicht zu lange sein, da sich das Nuggeli beim Einholen sonst leicht um die Hauptschnur wickelt. Das Springervorfach wird zudem meist mit etwas steiferem Monofil gebunden, um einer Verwicklung vorzubeugen. Am Ende des Springers können statt dem traditionellen Nuggeli natürlich auch andere Kunstköder wie Nymphen, kleine Twister oder Streamer befestigt werden. An sehr kalten Tagen kommt oft noch eine Fliegenmade auf den Haken, damit die Barsche nicht zu vorsichtig beißen.
Zuerst gilt es natürlich immer die Barsche zu finden. Sie sind nicht überall im See gleichmäßig verteilt, sondern orientieren sich immer nach dem Futter, das meist aus Kleinfischen besteht. Diese halten sich gerne in der Nähe von Flussmündungen auf. Dort wird der Barsch oft gezielt mit dem Echolot gesucht. Dann wird die Hegene zum Grund gelassen und in hebenden und senkenden Bewegungen nach oben durch den Barschschwarm gezogen. Den Biss spürt man durch die zwischen Daumen und Zeigefinger geführte Schnur. So können im Idealfall gleich mehrere Barsche gleichzeitig gefangen werden.

Statt einer Haspel verbunden mit Handfischerei kann die Hegene auch mit einer Spinnrute gefischt werden. Den Biss erkennt man dann am Vibrieren der Spitze. Allerdings ist die Verwendung von langen Vorfächern bei der Anlandung der Fische dann oft problematisch, es sei denn, es werden sehr lange Ruten verwendet, die beim Fischen vom Boot aus jedoch eher hinderlich sind.

Fischen mit Draht

Wird das mit mehreren Seitenspringern versehene Vorfach beim Fischen mit der Hegene vertikal gefischt, so gibt es auch die Möglichkeit, große jagende Barsche durch das Schleppen eines fast identischen Systems zu überlisten. Dazu wird eine in der Hand geführte Metallschnur (in unterschiedlichem Gewicht erhältlich) von 20-40 m Länge hinter dem Boot hergezogen. An deren Ende ist ein mehrere Meter langes und mit Seitenspringern und "Nuggelis" versehenes Vorfach befestigt. Mit dieser Kombination im Schlepptau und einer langsamen Vor- und Rückwärtsbewegung der Hand schleppt der "Drähtler" mit minimaler Geschwindigkeit über Erfolg versprechenden Stellen. Erfolg stellt sich meist unmittelbar dort ein, wo Barsche "hoch stehen" und Köderfischschwärme zusammentreiben. Untrügliches Kennzeichen dafür sind jagende Möwen und Seeschwalben.

Fischen mit dem Zocker

Sieht man Fischer in einem Boot sitzen, die die Hand vorsichtig 1-2 mal leicht anheben und wieder senken, um sie dann mit einer schnelleren und langen Bewegung weit anzuheben, dann fischen sie in der Regel mit dem "Zocker" an der Handangel. Dies ist die typische und schon traditionelle Abfolge der Handbewegung der Zockerfischer, die fortlaufend wiederholt wird, um den Zocker möglichst verführerisch unmittelbar über Grund anzubieten.

Der Zocker (eine Fischimitation) sieht ähnlich aus wie ein Blinker, ist jedoch wesentlich schwerer und hat je nach Art des gewünschten Spiels den Schwerpunkt in der Nähe des Hakens oder in der Mitte (Vertikalzocker).

Der Zocker ist auch der Köder schlechthin für das Barsch-, Walleye- oder Zanderfischen am Eisloch. Besonders dem Walleye wird an den großen kanadischen Seen am Eisloch gerne mit dem Zocker nachgestellt. Ganze Armeen von Fahrzeugen bewegen sich dort im Winter über die großen Eisflächen, um in selbstgebauten Unterschlüpfen tagelang auszuharren, und einen der begehrten Preise beim Eisangeln zu gewinnen.

Spinnfischen mit künstlichen Ködern

Barsche und Zander werden auch sehr gut mit Kunstködern gefangen, die mit der Spinnrute geworfen werden. Während bei Barschen oft kleine Spinnköder zum Einsatz kommen, wird beim Zanderfischen meist auf etwas größere Spinnköder zurückgegriffen.

Einer der erfolgreichsten Spinnköder ist der Twister. Hier haben sich vor allem rote Bleiköpfe und helle (gelbe, weiße oder grüne) Gummiköder bewährt. Der Twister wird mit speziell dafür hergestellten Ruten mit kurzen, zupfenden und hebenden Bewegungen geführt. Die spezielle Kombination von Kopfblei (5-20 g) mit nach oben gerichteten Haken sowie meist nach unten gerichtetem Schwanzende des Gummiköders, verhindert dabei meist Hänger, wodurch mit Twister nahe am Grund gefischt werden kann.

Auch Gummifische mit einer Länge von etwa 10-15 cm haben sich für diese Art der Fischerei bewährt. Gefischt wird in erster Linie im Bereich der so genannten Barschberge. Dies sind Untiefen in Seen und Flüssen, die steil auf größere Tiefen abfallen. An diesen Kanten stehen sowohl Zander als auch Barsche mit Vorliebe.

Jagt der Zander in den Abendstunden in die Weißfischschwärme an der Oberfläche, so bieten sich natürlich auch kleine Wobbler für den Fang an. Besonders schwimmende Wobbler ermöglichen auch ein Fischen über den Wasserpflanzen, in denen der Zander untertags gerne ruht.

Spinnfischen mit toten Köderfisch am System

Da Zander ihre Beute auch riechen können, ist auch ein auf einem System montierter toter Köderfisch oder schlanker Fischfetzen sehr gut geeignet. Wie alle anderen Spinnköder wird der Fisch am System nicht stationär angeboten, sondern direkt nach dem Auswerfen wieder eingezogen. Auch hinter dem Boot kann der Köder am System geschleppt werden. Das System ermöglicht es, einem toten Köderfischchen durch geschickte Führung "Leben einzuhauchen". Dadurch wirkt es besonders attraktiv.

Das Drachkovitch-System hat sich in den letzten zwei Jahrzehnten als beliebtestes Zander-Zupfsystem auf dem Markt etabliert. Bestandteil des Systems ist ein gelenkig angebrachtes, rundes Kopfblei (2-20 g), das das System ähnlich wie beim Twister sehr nah am Grund hält. Der Kopf des toten Köderfischs wird mit einem weichen Draht umwickelt und hält ihn somit fest. Zwei Seitendrillinge an Federstahldrähten werden leicht in die Seiten gesteckt. Der Enddrilling ist meist mit einer roten Quaste versehen. Durch diese Montage kann sich der Köder am System sehr frei bewegen und stellt eine verführerische Beute dar.

Fischen mit totem Köderfisch auf Grund

Wie jeder andere Raubfisch auch, ist natürlich auch der Zander mit dem toten Köderfisch zu überlisten. Als Köder kommen dabei schlanke, finger- bis handlange Weißfische zum Einsatz. Besonders Lauben, die vorzugsweise an den Seiten jeweils 4-5 Mal schräg eingeschnitten werden, haben sich dafür hervorragend bewährt. Sind keine Lauben im Gewässer vorhanden, orientiert man sich an der Hauptbeute, die der Zander im Gewässer vorfindet. Der tote Köderfisch wird mit einer Ködernadel aufgezogen. Ein kleiner Drilling oder besser ein großer dünndrähtiger Einzelhaken reicht meist, um die Bisse zu verwerten. Zander sind oft sehr vorsichtig und ziehen den toten Köderfisch am Grund erst einige Male um ein bis zwei Meter hin und her, um erst dann zu schlucken und schließlich gleichmäßig abzuziehen.

Gefischt wird meist mit kräftigen 2,5-3,5 m langen Ruten mit steifer Spitze sowie mittelgroßer Rolle mit guter Bremse die 100-200 m 0,20-0,30 mm monofile oder 0,15-0,20 mm geflochtene und wenig dehnungsfähige Schnur fasst.

Fischen mit lebendem Köderfisch

Die wohl natürlichste, wenn auch vielerorts nicht mehr erlaubte Art der Fischerei auf Raubfische ist das Fischen mit dem lebenden Köderfisch. Hier wird dem Zander seine natürliche Beute in lebender Form angeboten. Dabei kommen alle Schlüsselreize, die in der Lage sind einen Zander zum Biss zu animieren, in kombinierter Form zum Einsatz. Der Köderfisch kann dabei in Kombination mit einem Laufblei (10-50 g) oder auch an einer schlanken, leichten Pose angeboten werden. Ein Stahlvorfach ist beim Fischen auf Zander nicht notwendig, es sei denn, es ist auch mit Hechten zu rechnen. Die stumpfen Hundszähne des Zanders sind nicht in der Lage, eine monofile Schnur zu kappen. Meist ist ein Vorfach mit einer Länge von 60-70 cm und einer Stärke von 0,2-0,3 mm ausreichend.

Auch große Barsche lassen sich besonders gut mit lebenden Köderfischen fangen. Der beste Köderfisch für den großen Barsch ist ein kleiner Barsch mit ca. 5-7 cm Länge. Den zieht er in der Regel jedem Weißfisch vor.

Fischen mit der Fliegenrute

Die Fliegenfischerei gilt allgemein als die schwierigste, aber auch anspruchvollste Art einen Zander zu fangen. Beim Fliegenfischen kommt die hohe Kunst des kontrollierten Werfens eines größeren Streamers bei dazu oft noch eingeschränkten Platzverhältnissen kombiniert mit einer geschickten Führung zum Tragen. Die Fliegenfischerei in den typischen, eher flachen und eutrophierten Zandergewässern ist eine ganz besondere Herausforderung. Der Zander folgt dem Streamer in Tuchfühlung oft eine längere Zeit und wenn der Fliegenfischer den Zander dabei beobachten kann, dann ist es umso schwieriger, ihn zu fangen, da die meisten Fischer dann Fehler machen, die bei der „blinden“ Fischerei nicht passieren. Beim Zanderfischen mit dem Streamer kommen meist gefärbte oder weiße „Bunnies“ (Fellstreifen vom Kaninchen) zum Einsatz. Auch weiches synthetisches „Streamerhair“ hat sich sehr bewährt. Wichtig sind beim Streamer die großen Augen, an denen sich Räuber meist orientieren, bevor sie attackieren. Ein „freier“ Drilling knapp hinter dem Streamer ist oft hilfreich, um zumindest einige, der für Zander typischen kurzen Schwanzbisse zu verwerten. Der Zander muss überrascht werden, denn ist er in der Lage, dem Streamer über längere Zeit zu folgen, so vermisst er den typischen Geruch seiner Beute und bemerkt eher die geruchlichen (Farbrückstands-) Spuren, die ein langsam geführter Streamer hinterlässt. Bei heiklen Fischen ist es deshalb ratsam, die gefärbten Kaninchenfellstreifen vor dem Fischen gut zu waschen, damit Geruchsrückstände möglichst vermieden werden können.

BEWIRTSCHAFTUNG:

Die Zahl der für Barsche und Zander geeigneten Gewässer hat sich in Mitteleuropa aufgrund der zunehmenden Eutrophierung in den letzten Jahrzehnten ständig vergrößert. Der Fang älterer Fische fördert normalerweise das Wachstum der jüngern und kleineren, und diese bilden wiederum auch eine wichtige Nahrungsbasis für die größeren Fische. Daher darf der Bestand an Barsch und vor allem an Zander nicht zu stark geschont werden. In den großen Alpenseen werden so die Barschpopulationen durch den Befischungsdruck etwa alle 3-5 Jahre erneuert. Starke Jahrgänge, aber auch Besatzfische, können sowohl das eigene Wachstum als auch das Wachstum vorangehender, sowie nachfolgender Jahrgänge negativ beeinflussen. Üblicherweise lassen mittlere Bestände an fischfressenden Raubfischen die stärksten Jahrgänge erwarten. In Fließgewässern findet man größere Bestände von Barsch und Zander meist nur in gestauten Abschnitten. Das Optimum der Lebensbedingungen liegt in mesotrophen, trüben, pflanzenarmen, flacheren und wenig geschichteten Seen mit gutem Futterfischbestand. Im Brackwasser bilden sie, je nach Art und Salinität, geringe bis starke Bestandsdichten aus. In natürlichen Gewässern kann der Bestand an Barschen und Zandern bis über 30 kg/ha und der jährliche Ertrag bis über 15 kg/ha, im Durchschnitt 1-5 kg/ha erreichen, dabei dominieren meist die 3-5 sömmerigen Fische. Ein starker Befischungsdruck führt oft dazu, dass ein Jahrgang praktisch nur wenige (1-3) Jahre im Fang erscheint und die Fänge können so stark schwanken. Beim Zander folgen daher auf zehn gute Jahre oft einige schlechte. Seen mit gutem natürlichem Nachwuchs sollten daher relativ intensiv befischt werden. Da Zanderbestände auch überfischt werden können und um die Schonung des Laichfischbestandes sicherzustellen, sollte das Mindestmaß (je nach Futterfischbestand und Wachstum) etwa 35-45 cm betragen. Beim Barsch ist ein Mindestmaß nicht erforderlich.
Die beste Fangperiode ist kurz nach dem Sommer im Herbst. Die höchsten Fänge (Walleye) werden bei einer Wassertemperatur von 13-20 °C und einer Lichtstärke von 10-70 Lux erreicht. Durch den glockenförmigen Verlauf der Sonneneinstrahlung wandern die optimalen Beleuchtungsstärken im Tagesverlauf von der Oberfläche bis in eine Wassertiefe von 12-17 m in klaren bzw. 4-5 m in trüben Seen. Da die Sprungschicht in kleineren und mittleren Seen meist über dieser Tiefe liegt, gedeihen diese Fische in solchen Seen meist nur schlecht. Erträge von über 1 kg/ha werden daher meist nur in Seen mit einer Sichttiefe von weniger als 4 m erreicht.

BESATZ:

Da die Erträge oft erheblichen jährlichen Fluktuationen unterliegen, ist man häufig bestrebt, die Bestände durch Besatzmaßnahmen zu stabilisieren und zu erhöhen.
Ein Besatz zur Förderung bestehender Bestände (mit Eier, Brut, Setzlingen oder Laichfischen) ist jedoch meist wenig sinnvoll, da die Stärke eines Jahrganges nachweislich in keiner Beziehung zur Menge der natürlich abgelegten Eier oder der schlüpfenden Brut steht. Dies deshalb, da die Jahrgangsstärke vielmehr von dem Umfang der zur Verfügung stehenden Brutnahrung in der ersten Phase der aktiven Ernährung bestimmt wird, welche wiederum stark von Witterungsfaktoren im Frühjahr abhängt. Mit einem Besatz kann daher in den meisten Fällen keine Förderung bestehender Bestände und damit auch keine Verbesserung der Erträge erreicht werden. Ein zu großer Bestand an Barschen oder Zandern kann auch den Bestand an Futterfischen rasch zu stark dezimieren, sodass Nahrungsmangel und Kannibalismus einsetzen, welche sich wiederum auf die Raubfischbestände auswirken. Vom Besatz mit Brut geht aber jedenfalls eine geringere negative Wirkung aus, als von größeren Besatzfischen. Fehlen geeignete Laichplätze, so kann auch durch das Anlegen von künstlichen Laichplätzen mit Schotter mit einem Korndurchmesser von 5-20 cm in Ufernähe beim Walleye eine Erhöhung des Jungfischbestandes bis zum 2-10 fachen erreicht werden.
Anders sieht es beim Besatz in neuen Gewässern aus. Für den Initialbesatz geeigneter Gewässer gelten 100-300 vorgestreckte oder 30-100 einsömmerige Setzlinge je Hektar als Richtwert. Ein ähnliches Ergebnis bringt ein Besatz mit Eiern, Brut oder Laichfischen, der dann einen Anstoß zu einem sich selbst entwickelnden Bestand gibt. Generell ist ein Besatz mit vorgestreckten Fischen ökologisch und ökonomisch sinnvoller, als ein Besatz mit einsömmerigen Fischen. Vorgestreckte Fische adaptieren sich zumeist besser ans Gewässer und sind nach einem Jahr signifikant größer als einsömmerige. Oft dauert es 4-7 Jahre bis diese Größenunterschiede verschwunden sind. Viel wichtiger als die Größe und Menge der Besatzfische sind allerdings die ökologischen Bedingungen (Nährtiere und Temperatur) im Besatzgewässer selbst, und die Anpassung der Bewirtschaftung an diese Verhältnisse. In natürlichen Seen kann beim Zander nach einigen Jahren im Durchschnitt mit einem Wiederfang von 1-5 % beim Besatz mit Vorgestreckten und 10-15 % beim Besatz mit Einsömmerigen gerechnet werden.

In Nordamerika wird der Walleye schon seit Ende der 1870er Jahre künstlich vermehrt und besetzt. Ende des 19. Jahrhunderts wurden alleine am Eriesee 493 Mio. Eier gestreift und erbrütet. Die Brütlinge wurden dann in zahlreichen Gewässer ausgesetzt, so etwa 6,5 Mio. in Indiana, 38,2 Mio. in Michigan, 7,0 Mio. in New York, 178,8 Mio. in Ohio und 2,3 Mio. in Vermont. Ende der 1940er Jahre wurden von den Brutanlagen aus 44 Staaten der USA bereits über eine Milliarde Brütlinge verteilt. Mitte der 2000er Jahre wurden in Nordamerika ebenfalls rund eine Milliarde Fische (ca. 95 % Brut, 4 % Vorgestreckte, 1 % Setzlinge) in etwa 2000 Gewässer (90 % USA und 10 % Kanada) besetzt (siehe Grafik). Zusätzlich wurden rund 28 Mio. Saugeye (Hybriden) und 28 Mio. Sauger besetzt.

Besatzmenge an Walleyes in Nordamerika
Mitte der 2000er Jahre:
(Nach: Kerr in Barton, 2011)

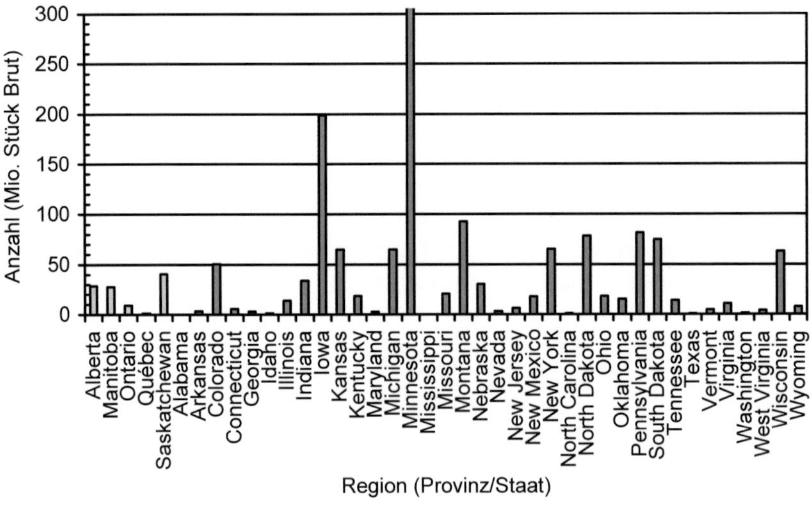

Umrechnungsfaktoren: Vorgestreckte x 10, Setzlinge x 100;

Die Besatzmenge schwankt beim Walleye, je nach Besatzgröße und Gewässerfläche (größere weniger als kleinere) zwischen 2.000-5.000 und 10.000-20.000 St./ha bei Brut bzw. 20-50 und 100-200 St./ha bei Setzlingen. Der Erfolg liegt in den USA etwa bei 55 % beim Neu-, 35 % beim Wieder-, und 5 % beim Zusatzbesatz.

VERARBEITUNG:

Bei der Verarbeitung von Fischen sind nur Trinkwasser sowie leicht zu reinigende Materialien (wie Edelstahl, Plastik usw.) zu verwenden.
Die aktuellen Vorschriften wie: Tierschutz-, Marktordnungs-, Lebensmittel-, Bedarfsgegenständegesetz sowie Zusatzstoff-, Höchstmengen-, Kennzeichnungsverordnung und Hygienebestimmungen etc. sind zu beachten.
Zum Ausnüchtern werden die Fische bis zu 10 Tage ohne Futter gehältert. Dazu werden abgedeckte Hälterbecken verschiedener Form und Größe verwendet. Die Wassertemperatur sollte dabei unter 10 °C betragen und der Sauerstoffgehalt im Ablaufwasser über 4 mg/l. Der Wasserwechsel sollte mindestens 5 Mal pro Tag erfolgen. Die Besatzdichte kann bis zu 100 kg/m^3 betragen.
Zum Töten werden die Fische betäubt, dies geschieht bei wenigen Fischen mit einem (30-50 cm langen) Holzstock, durch einen kräftigen Schlag auf den Kopf hinter die Augen. Bei größeren Mengen wird oft mit Gleichstrom betäubt. Da dabei jedoch oft Qualitätseinbußen, wie Blutungen in der Muskulatur im Bereich der Wirbelsäule, auftreten, ist das Betäuben mit CO_2 bei einer Konzentration von 2,5 g/l zu empfehlen.
Um die Frische zu gewährleisten, kommen die geschlachteten Fische am besten gleich in einen mit Eiswasser gefüllten Behälter und kühlen so schnell auf ca. 0 °C herunter.
Zum Schuppen wird, bei wenigen Fischen, mit einem schräggestellten Messer gegen die Schuppen gestrichen, sodass sich diese von der Haut lösen. Für größere Mengen verwendet man auch Schuppgeräte, die die Schuppen mit einem rotierenden wellenförmigen Aufsatz herunterschaben, oder Schuppmaschinen mit einer rotierenden Trommel.
Zum Ausnehmen wird zunächst die Bauchseite mit einem kleinen, speziell geformten hakenförmigen Messer vom After zum Kopf hin aufgeschnitten. Dann werden die Eingeweide, ohne diese zu verletzten, entfernt. Anschließend wird mit einem Teelöffel die Niere herausgekratzt und der Fisch gründlich gewaschen.
Zum Filetieren wird ein langes dünnes Messer, von innen direkt über der Wirbelsäule hinter dem Kopf mit einem Schnitt Richtung Schwanzflosse gezogen und die Seitenhälfte vom Kopf geschnitten. Anschließend wird die andere Seite hinter dem Kiemendeckel und Brustflossen bis zur Wirbelsäule eingeschnitten und auch diese Seitenhälfte mit einem Schnitt Richtung Schwanzflosse von der Wirbelsäule getrennt.

Die so erhaltenen Seitenhälften werden noch von Bauchgräten sowie Rücken- und Afterflosse getrennt, zugeschnitten und gesäubert. Bei größeren Mengen werden jedoch oft automatische Filetiermaschinen verwendet.
Um das Austrocknen zu verhindern und die Haltbarkeit zu verlängern, können die Fische oder Filets auch vakuumverpackt und/oder gefrostet werden. Um die erforderliche Kerntemperatur (-10 °C) beim Einfrieren schnell zu erreichen und damit die Bildung von großen Eiskristallen im Fleisch verhindert wird, sollten die Fische rasch, möglichst einzeln (glasiert oder vakuumverpackt), gefrostet werden. Die Gefriergeschwindigkeit sollte 1-2 cm je Stunde betragen.
Zum Glasieren wird der frisch gefrostete Fisch ein bis zweimal kurz in sehr kaltes Wasser getaucht und erhält so eine schützende Eishülle. Da auch im gefrosteten Zustand die Eiweißdenaturierung und Fettoxydation, wenn auch wesentlich verringert, weitergeht, sollten Fische bei -18 °C generell nicht länger als 2-3 Monate gelagert werden. Das Auftauen gefrosteter Fische sollte schnell, möglichst im Kühlschrank oder in fließendem Wasser erfolgen.
Das magere, weiße Fleisch der Barsche und Zander ist wohlschmeckend und grätenarm. Der Eiweißgehalt im Fleisch liegt bei ca. 20 % und der Fettgehalt, je nach Jahreszeit und Größe der Fische bei etwa 0,7-1,3 %.
Je nach Art, Größe, Ernährung und Jahreszeit, beträgt der Anteil der Eingeweide etwa 10-15 % (Leber 1-2 %), der Kopf 15-25 %, Flossen 1-2 %, Haut 8-10 % und die Filetausbeute 30-40 %. Dabei ist im Sommer der Eingeweideanteil niedriger und der Filetanteil höher als im Winter.
Der Barsch wird je nach Region, besonders in der Schweiz und in Frankreich, in unterschiedlicher Größe bevorzugt, als Filet von 15-150 g oder im Ganzen von 5-25 cm. Der jährliche Verzehr wird in der Schweiz auf etwa 2.000 t Filets geschätzt und kann bis zu 4.000 t erreichen. Dies übersteigt die Inlandproduktion um das 5 bis 10-fache. In Frankreich wird der Verzehr auf etwa 600 t geschätzt, was die Inlandproduktion um das 3-fache übersteigt. In diesen Ländern wird der Bedarf vor allem durch den Import aus Skandinavien, dem Baltikum und aus Kanada gedeckt. Aber auch in anderen Ländern (Italien) steigt der Bedarf an Barschen. Der Zander gilt als einer der besten Süßwasserfische überhaupt, er wird vor allem als Filet in Portionsgröße bevorzugt, das meist frisch oder gefrostet vermarktet wird.

ANHANG

Rezepte

für jeweils 4 Personen

SUPPEN:

Kaulbarschsuppe

Zutaten	Zubereitung
0,80 kg Kaulbarsche 1 l Fischbrühe 1 Bund Suppengemüse (Zwiebel,Sellerie,Karotte) 1 Lorbeerblatt 1 Knoblauchzehe 1 Thymianzweig 50 g Krebsbutter 2 EL Rollgerste 2 Sardellenfilets Salz und Pfeffer 1 kl. Bund Petersilie 2 Tomaten 12 Krebsschwänze	Kaulbarsche ausnehmen, Flossenstacheln entfernen und die Fische gut waschen. Die Brühe mit der Hälfte des geputzten und gewaschenen Suppengemüses zum Kochen bringen. Kaulbarsche, sowie Knoblauch, Thymian und Lorbeer, hinzufügen und auf kleiner Flamme so lange kochen, bis die Fische anfangen zu zerfallen (ca. 15 Min.). Von den Kaulbarschen das Fleisch entfernen, Köpfe und Gräten zurückgeben, ca. 15 Minuten weiterkochen und den entstehenden Schaum abnehmen. Anschließend die Brühe durch ein feines Sieb geben und möglichst allen Saft aus den Fischen pressen. Das restliche Suppengemüse in kleine Würfel schneiden, in der Krebsbutter anschwitzen, die eingeweichte Gerste und die gehackten Sardellenfilets dazugeben, mit Fischbrühe aufgießen und ca. 30 Minuten gar kochen. Mit Salz und Pfeffer abschmecken. Fein gehackte Petersilie und geschälte, würfelig geschnittene Tomaten mit den Krebsschwänzen und dem ausgelösten Kaulbarschfleisch in die Suppe geben und servieren. Als Beilage eignet sich Schwarzbrot.

Zandersüppchen

Zutaten	Zubereitung
0,40 kg Zanderfilet 2 Jungzwiebel 1 Knoblauchzehe 3 Paprika (grün, gelb, rot) 0,125 l Weißwein 0,75 l Fischfond (gekauft oder Abschnitte gekocht) 1 EL Paprikapulver 1 EL Maiskeimöl Salz und Pfeffer Dill Zitronensaft und –schale	Das Filet in mundgerechte Stücke schneiden und mit Zitronensaft marinieren. Die Paprika in Streifen und den Knoblauch in Scheiben schneiden, in Öl andünsten, Paprikapulver einstreuen und mit Wein aufgießen, kurz einkochen lassen. Mit Fond auffüllen, aufkochen, den Fisch und den in feine Ringe geschnittenen Jungzwiebel zufügen und ca. 5 Minuten ziehen lassen. Mit Salz und Pfeffer würzen und mit Dill und abgeriebener Zitronenschale bestreuen.

VORSPEISEN:

Zander im Strudelblatt

Zutaten	Zubereitung
0,25 kg Zanderfilet 4 Blatt Strudelteig 1 Jungzwiebel 1 EL Crème fraîche 1 EL Kerbelblättchen 1 Spritzer Zitrone 1 Eiklar Salz und Pfeffer Frittierfett	Von den Strudelblättern einen ca. 1 cm breiten Streifen abschneiden und die Blätter quer halbieren. Auf diese 8 Dreiecke die Fülle geben. Dazu wird die Crème fraîche mit dem Zitronensaft, Kerbel, feinstgeschnittenen Jungzwiebel Salz und Pfeffer gemischt und der klein geschnittene Fisch untergehoben. Spitztüten formen, den Rand mit Eiklar bestreichen und andrücken und mit den Teigstreifen leicht binden. Bei 160 °C knusprig frittieren. Mit süßsaurer Sauce und kleinem Salat servieren.

Barschspießchen auf Paprikagemüse

Zutaten	Zubereitung
0,40 kg Barschfilet 4 Zitronengrasstiele 4 Paprika (rot, gelb, grün) 1 Zwiebel 1 Knoblauchzehe 2 EL Sonnenblumenöl 1 EL Butter 1/8 l Weißwein ½ Becher Crème fraîche Salz und Pfeffer Zitronensaft	Das Fischfleisch in Würfel schneiden mit Zitronensaft marinieren und auf die Stiele stecken. Die geputzten, streifig geschnittenen Paprika mit der ringelig geschnittenen Zwiebel und den gehackten Knoblauch in 1 Essl. Öl anbraten mit Wein aufgießen und mit Salz und Pfeffer gewürzt knackig dünsten, zuletzt die Crème fraîche einrühren. Die Spießchen in 1 Essl. Öl mit Butter braten und auf dem Gemüse anrichten.

Zanderstreifen auf roten Linsen

Zutaten	Zubereitung
0,50 kg Zanderfilet 1 EL Zitronensaft 1 EL Öl 1 EL Butter 0,20 kg rote Linsen 2 Jungzwiebel 1 Stiel Stangensellerie 1 rote Zwiebel ½ Bund Petersilie 4 EL Balsamico 4 EL Traubenkernöl 1 TL süßen Senf Salz und Pfeffer	Die Linsen ca. 10 Minuten in Salzwasser kochen und abseihen. Jungzwiebel und Stangensellerie in dünne Scheibchen schneiden, Zwiebel fein würfeln und Petersilie hacken. Aus Traubenkernöl, Balsamico, Senf, Salz und Pfeffer ein Dressing machen und die Linsen mit dem Gemüse marinieren. Das Filet in ca. 3 cm breite Streifen schneiden mit Zitrone marinieren und in der Öl-Buttermischung auf der Hautseite knusprig braten, wenden vom Herd nehmen und noch ca. 2 Minuten ziehen lassen, auf dem lauwarmen Linsen servieren.

Barsch in Sesampanade auf Kartoffelsalat

Zutaten	Zubereitung
0,50 kg Barschfilet 1 EL Zitronensaft 2 Eier 0,08 kg Sesam Backöl 0,50 kg feste Kartoffel 0,05 kg Rauke 4 EL Weinessig 4 EL Maiskeimöl 4 EL Wasser 1 rote Zwiebel 1 TL süßen Senf 0,10 kg Cherrytomaten 1 Zitrone 1 Tomate Salz und Pfeffer	Mit den noch warmen Kartoffeln macht man einen Salat, den man in der Marinade aus Essig, Öl, Wasser, Senf, roten Zwiebel, Salz und Pfeffer etwas ziehen lässt. Das Filet in ca. 6 cm große Stücke teilen, mit Zitrone und Salz würzen. Die Eier mit Salz und Sesam verquirlen und die Fischstücke durchziehen und ausbacken. Die Rauke unter den Kartoffelsalat ziehen und die Fischstücke darauf anrichten, mit den geviertelten Tomaten und Zitronenspalten garnieren.

HAUPTSPEISEN:

Barsch-Kohlroulade

Zutaten	Zubereitung
0,80 kg Barschfilets 1 Kohlkopf 0,10 kg mageren Speck 2 Zwiebeln 2 Knoblauchzehe 2 EL Öl 4 gr. schöne Kohlblätter 1 Dose gesch. Tomaten Salz und Pfeffer Zitronensaft Kümmel Oregano Rosmarin	Die Kohlblätter blanchieren und kalt abschrecken. Den fein geschnittenen Speck mit 1 gewürfelten Zwiebel, 1 Knoblauchzehe und Kümmel anrösten, den restlichen Kohl fein schneiden und mitrösten, mit Salz und Pfeffer würzen. Auf jedes Kohlblatt 1 Filet legen, mit Salz, Pfeffer und Zitronensaft würzen, darauf die Kohlfülle und aufgerollt in eine Form setzen. Die 2. Zwiebel lässt man mit dem Knoblauch in Öl anlaufen, die geschälten Tomaten dazu und mit Salz, Oregano und Rosmarin kurz einkochen. Die Sauce gießt man unter die Rouladen und lässt sie bei 160 °C ca. 20 Minuten dünsten. Dazu passt gut Naturreis.

Zander mit Mandelkruste

Zutaten	Zubereitung
0,80 kg Zanderfilets 0,05 kg weiche Butter 0,03 kg Brösel 0,03 kg gerieb. Mandeln ½ TL zerklein. Rosmarin ½ TL getrockneten Salbei Zitronensaft und -schale Salz und Pfeffer	Die Filets mit Salz und Pfeffer und Zitronensaft würzen. Die Butter mit den Bröseln, Mandeln, Kräuter und Zitronenschale wenig Salz und Pfeffer mischen, auf den Filets verteilen und bei 200 °C ca. 15 Minuten backen.

Barsch-Spinat-Gratin

Zutaten	Zubereitung
0,80 kg Barschfilet 1,00 kg Kartoffel 0,40 kg Zwiebel 4 Knoblauchzehen 0,1 l Sonnenblumenöl 1 EL Butter 1,00 kg Spinat 0,05 kg Pinienkerne Salz und Pfeffer 0,05 kg Parmesan Zitronensaft	Die geschälten rohen Kartoffeln in ½ cm dicke Scheiben schneiden und nacheinander in Öl braten. Die ringelig geschnittenen Zwiebeln und den gehackten Knoblauch leicht anrösten. Den gewaschenen Spinat in der Butter kurz zusammenfallen lassen mit Salz, Pfeffer und den Pinienkernen würzen. In einer Form 1 Schicht Kartoffel legen, Zwiebel, Spinat, die mit Salz Pfeffer und Zitronensaft gewürzten Barschfilets. Darauf wieder Spinat und Kartoffel und mit Parmesan bestreut bei 180 °C ca. 30 Minuten backen. Dazu passt eine Zitronensauce: 1/8 l Wein und 1/8 l Suppe reduzieren auf 1/8 mit 4 Dotter im Wasserbad aufschlagen und mit Zitronensaft und geriebener Schale sowie Salz und Pfeffer abschmecken.

Zander im Salzbett

Zutaten	Zubereitung
1 Zander mit ca. 2 kg 1 Bund gemischte Kräuter 3 kg grobes Meersalz 3 Eiklar ca. 0,15 l Wasser Salz Zitronensaft	Den gewaschenen Fisch innen salzen, mit Zitronensaft einreiben und die Kräuter in die Bauchhöhle geben. Das Salz mit dem Eiklar und soviel Wasser mischen, dass ein fester Brei entsteht. Ein Drittel davon auf ein geöltes Backblech geben, den Fisch darauf setzen und mit dem Rest bedecken. Mit starker Alufolie einen Wulst herum formen. Bei 200 °C ca. 50 Minuten backen. Bei Tisch die Salzkruste abklopfen, die Haut abziehen und den Fisch zerteilen. Dazu passt Basmatireis und eine Kräuterrahmsauce: ¼ l Sauerrahm mit Zitronensaft, Salz und Pfeffer und gemischten Kräutern verrühren.

Entwicklung

Embryonalentwicklung beim Zander:

Temperatur °C	10		15		20	
Stadium/Einheit	**h**	**%**	**h**	**%**	**h**	**%**
1	2	1				
1a	4	2	3	2	2	3
2	24	9	8	9	7	10
2a	28	11	9	11	8	12
3	43	16	14	16	12	17
3a	48	18	16	19	13	19
4	72	27	25	30	20	29
5	105	39	34	40	28	41
6	120	45	45	54	32	47
7	144	54	52	62	38	56
8	180	67	63	75	47	69
9	208	78	70	83	54	79
10	236	88	75	89	61	90
11	266	100	84	100	68	100
Reifedauer %	**100,00**		**31,58**		**25,56**	

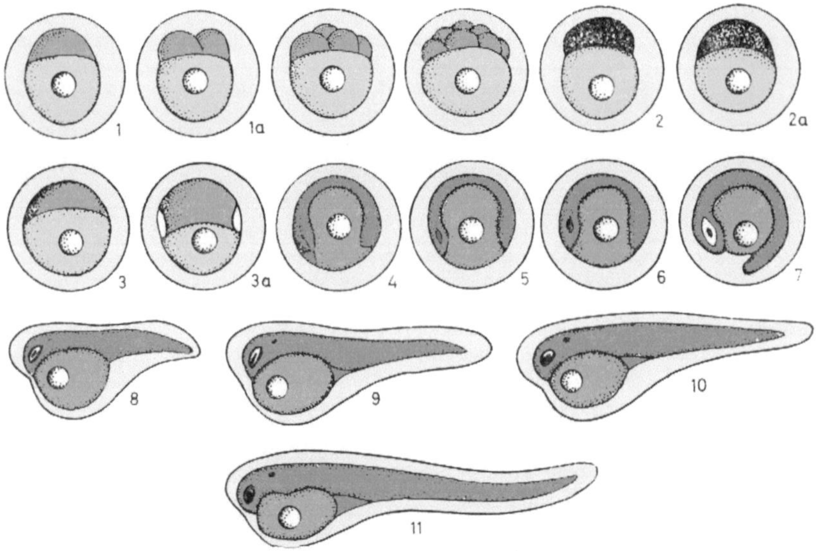

Legende: 1 – Zellenstadium, 2 – Zellenkuppelstadium, 3 – Kuppelstadium, 4 – Stadium des Kopfansatzes, 5 – Anfang der Segmentation, 6 – Entwicklung des Schwanzstieles, 7 – Entwicklung des Schwanzes, 8 – Unreifer Embryo, 9 – Entwickelter Embryo, 10 – Fertiger Embryo, 11 – Schlüpfende Larve; (Nach: Woynárovich in Tölg, 1981)

Krankheiten

Viren:
Dies sind in Zellen vorkommende (intrazelluläre), submikroskopisch kleine Parasiten, die entweder Ribonucleinsäure (RNS) oder Desoxyribonucleinsäure (DNS) aufweisen und über eine Schutzhülle verfügen, die aus Proteinen besteht oder sich aus Proteinen und Lipid- oder Kohlenhydratbestandteilen zusammensetzt. Innerhalb lebender Zellen können sie sich sehr zahlreich vermehren und dabei ihren Wirt schädigen.
Epidermale Hyperplasie (Herpesvirus) tritt in Nordamerika vor allem während der Laichzeit beim Walleye auf. Die befallenen Hautstellen weisen Läsionen mit Schwellungen des darunter liegenden Gewebes auf, die ein gräuliches schleimartiges Aussehen haben und eine Größe bis zu mehrere Zentimeter Durchmesser erreichen können.
Dermal Sarcoma (Retrovirus) wurde beim Walleye in Nordamerika gefunden und tritt meist saisonal auf. Die Übertragung erfolgt vor allem bei Temperaturen um 15 °C. Die erkrankten Fische haben große, weiche Tumore und offene Wunden, die weiß und oft rot entzündet sind.
Lymphocystis (Iridovirus) wurde bei Walleye, Sauger und Kaulbarsch gefunden und ist möglicherweise weit verbreitet. Vor allem beim Walleye kann es während der Laichzeit zu Schädigungen und Gewichtsverlust kommen. Die erkrankten Fische zeigen warzenähnliche Wucherungen mit übergroßen Zellen an Flossen, Kiefern und Kiemendeckeln.
Hepatozytische Nekrose (Rhabdovirus) tritt bei wildlebenden und gezüchteten juvenilen Barschen in Nordeuropa (Irland, Dänemark) auf. Klinische Anzeichen sind abnormales Schwimmen, Rötungen an der Basis der Bauchflossen, sowie Glotzaugen und Schuppenstreube.
Epizootische Nekrose (Ranavirus) tritt bei eingebürgerten wildlebenden Barschen in Australien auf. Klinische Anzeichen sind Lethargie, manchmal mit spiralförmigen Schwimmbewegungen, sowie Fische, die am Gewässerboden kopfstehen.
HVS, IPN und IHN, einige Viruserkrankungen der Salmoniden, können bei Barschen und Walleyes vor allem in den Großen Seen in Nordamerika auch zu Erkrankungen und Verlusten führen.
Die Diagnose aller Viruserkrankungen erfolgt über den Erregernachweis auf Zellkulturen. Viruskrankheiten können nicht direkt behandelt werden, allerdings sind generell alle tierseuchenrechtlichen Bestimmungen zu beachten.

Bakterien:
Dies sind mikroskopisch kleine, einzellige Organismen ohne echten, klar umrissenen Zellkern, die sich im Allgemeinen durch Zellteilung vermehren. Einige Bakterien (Prokaryonten) können, vor allem unter intensiven Haltungsbedingungen, zu Erkrankungen führen (*Aeromonas, Pseudomonas, Enterobacter, Flavobacterium, Flexibacter, Mycobacterium, Staphylococcus, Streptococcus, Vibrio, Yersina*).

Pilze:
Dies sind chlorophyllfreie Organismen mit heterotropher Ernährung, die sich durch Sporen verbreiten und vermehren. Einige Niedere Pilze (Oomycetes), wie die Wasserschimmelpilze (Saprolegniacea), dringen oft in verletzte Hautstellen der Fische oder Eier ein und können daher Verluste verursachen (*Achlya, Aphanomyces, Leptolegnia, Leptomitus, Pythiopsis, Saprolegnia*).

Einzeller (Protozoa):
Dies sind einzellige Tiere, die kaum oder gar nicht zu Gewebesystemen differenziert sind. Einige Klassen können vor allem bei schlechten Umweltbedingungen Erkrankungen hervorrufen, wie Geiseltierchen (Flagellata), Wimpertierchen (Ciliata), Sporentierchen (Sporozoa), Myxotierchen (Myxozoa).

Vielzeller (Metazoa):
Dies sind mehrzellige Tiere, die ihre Energie durch die Verdauung von Nährstoffen gewinnen und deren Zellen zu Geweben organisiert sind. Einige Klassen können Erkrankungen hervorrufen, indem sie in oder auf anderen Organismen parasitisieren. Meist ist das Verhältnis Parasit zu Wirt ausgeglichen und die Parasiten schädigen den Wirt nicht zu sehr. Bei Massenbefall sind jedoch auch Schädigungen und Verluste möglich. Je nach Art des Befalls können Innen- und Außenparasiten unterschieden werden.

INNENPARASITEN (Endoparasiten):

Plattwürmer (Plathelminthes):

Saugwürmer (Trematoda) haben an ihrer Unterseite, zumeist in der Nähe des vorderen Körperendes einen Mund. Sie befallen die Körperorgane und benötigen ein oder zwei Zwischenwirte und der Endwirt ist ein Fisch, Vogel oder Säugetier. Meist sind es die Larven der Parasiten, die Erkrankungen bei den Fischen verursachen. Die meisten Arten sind sehr wirtsspezifisch.

Bandwürmer (Cestoda) kommen als adulte Parasiten im Verdauungstrakt der Endwirte vor. Sie sind durch das Vorhandensein eines Kopfes (Scolex) gekennzeichnet, der zur Verankerung an der Darmwand des Wirtes mit einer Krone aus Häkchen oder Sauggruben ausgestattet ist und haben keinen Darm. Als Larven benötigen sie ein oder mehrere Zwischenwirte, meist Krebstiere oder Wirbeltiere und enzystieren oft in der Leber oder im Muskelfleisch der Fische.

Rundwürmer (Nemathelminthes):

Fadenwürmer (Nematoda) sind zylindrische, spitz zulaufende Würmer mit einfachem Körperbau. Sie besitzen eine widerstandsfähige, muskulöse Außenhaut (Cuticula), die im Verlauf des Lebens viermal gehäutet wird. In ihrem Inneren befindet sich ein Darmrohr. Dazwischen liegen flüssigkeitsgefüllte Hohlräume (Pseudocoel). Ihr Körper wird durch den Druck der Körperflüssigkeit gestützt (Hydroskelett). Sie sind getrenntgeschlechtlich und ernähren sich in der Regel durch das Einsaugen von Flüssigkeiten oder durch die Aufnahme kleiner, weicher Nährstoffteilchen.

Kratzer (Acanthocephala) besitzen weder Darm noch Blutkreislaufsystem und nehmen sämtliche Nährstoffe über die Körperwände auf. Sie haben am Kopf ein mit Haken besetztes Halteorgan und leben im Darm von Wirbeltieren. Die erwachsenen Tiere sind getrenntgeschlechtlich. Die Eier werden mit dem Kot des Wirtes ausgeschieden und von Wirbellosen aufgenommen, in deren Gewebe sich die Larven einbohren.

AUßENPARASITEN (Ektoparasiten):

Plattwürmer (Plathelminthes):

Hakenwürmer (Monogena) heften sich mit Hilfe muskulärer Haftscheiben, die oft Haken besitzen, an ihren Wirt und befallen die Haut, Flossen und Kiemen. Sie haben einen direkten Lebenszyklus mit nur einem Wirt. Alle Plattwürmer sind einfach gebaut, sie haben weder After noch Blutkreislauf, aber bereits echte Organe und sind Zwitter.
Strudelwürmer (Turbellaria) sind frei lebend und keine echten Parasiten, sie können jedoch gelegentlich abgelegte Eier aussaugen.

Ringelwürmer (Annelida):

Einige Egel (Hirudinea) befallen die Haut oder Kiemen der Fische und ernähren sich vom Blut der Wirte. Egel sind abgeflachte, geringelte Würmer, die sowohl am Vorder- als auch am Hinterende mit je einer Saugscheibe ausgestattet sind. Sie sind Zwitter, wobei die Fortpflanzung meist mit einer Kopulation verbunden ist, bei der Sperma wechselseitig übertragen wird. Die Vermehrung der Parasiten erfolgt dabei nicht am Wirt sondern am Boden, wo die zahlreichen Kokons meist an Steinen abgelegt werden.

Weichtiere (Mollusca):

Von den Muscheln (Bivalvia) sind manche Blattkiemer (Eulamellibranchiata) als Larven parasitär und enzystieren auf der Haut oder den Kiemen von Fischen. Dabei sind die Larven (Glochidien) oft sehr wirtsspezifisch.

Gliederfüßer (Arthropoda):

Einige Krebstiere (Crustacea) wie Ruderfußkrebse (Copepoda), Fischläuse (Branchiura) und Fischasseln (Isopoda) befallen die Haut oder Kiemen der Fische und ernähren sich vom Blut der Wirte. Bei den Ruderfußkrebsen sind oft nur die Weibchen parasitär. Bei den Fischläusen sind alle Stadien parasitär und können freischwimmend von Wirt zu Wirt wandern.
Wenige Spinnentiere (Arachnida) wie Milben (Acarina) befallen als Larven gelegentlich die Kiemen der Fische. Die parasitären Larven entwickeln sich zu inaktiven Nymphen (Nymphophan), die vom Wirt brechen und sich nach einer aktiven freischwimmenden Phase an die Vegetation heften, zu Puppen (Teleiophan) entwickeln, woraus sich dann das freilebende geschlechtsreife Tier entwickelt.

Die häufigsten Parasiten der Barschfische:

(Nach: Craig et al., 2000; Patzner, 2004; Polin et al., 2002; Reichenbach-Klinke et al., 1980; Reimer, 2003; Walter, 1988)

PROTOZOA (Einzeller)

Parasit	Vorkommen	Wirt	Befall
Ambiphrya ameiuri	E,	L,	Haut, Kiemen
Balantidium sp.	A,	P,	Darm
Dermocystidium percae	E,	G, P,	Haut
Eimeria laureleus	A,	P,	Darm
E. percae	E,	P,	Darm
E. rivierei	E,	P,	Leber
E. tedlai	A,	P,	Darm
Glossatella campanulata	E,	P, L,	
Glugea luciopercae	E,	L,	
Henneguya acerinae	E,	G, L,	Kiemen
H. creplini	E,	G, P, L,	Kiemen
H. doori	A,	P,	Kiemen
H. gigantea	E,	L,	Kiemen
H. percae	A,	P,	Kiemen
H. psorospermica	E,	P, L,	Kiemen
H. wisconsinensis	A,	P,	Kiemen
H. wolinensis	E,	P,	Haut
H. zschokkei	E,	P,	Muskeln
Ichthyobodo necator	E,	L,	Haut, Flossen
Ichthyophthirius multifiliis	E, A,	P, L,	Haut, Kiemen
Myxidium percae	A,	P,	Haut
Myxobilatus asymmetricus	A,	L,	Harnblase
Myxobolus carassi	E,	P,	Darm, Kiemen
M. dispar	E,	P, L,	
M. ellipsoides	E,	G, P,	Darm, Kiemen
M. magnus	E,	G,	
M. macrocapsularis	E,	L,	
M. minutus	E,	P,	
M. muelleri	E,	P, L,	Kiemen
M. percae	A,	P, L,	Augen, Flossen
M. permagnus	E,	P,	Kiemen
M. phyriformis	A,	P,	
M. sandrae	E,	P, L,	Wirbel
M. volgensis	E,	L,	Augen, Kiemen, Haut
M. wegeneri	E,	P, L,	
Myxosoma anurus	E,	P,	
M. branchialis	E,	P,	Kiemen
M. dujardini	E,	P,	Kiemen
M. neurophila	A,	P,	Augen
M. scleroperca	A,	P,	Augen
Pleistophora acerina	E,	G,	
Spironucleus sp.	A,	P,	Darm
Thelohanellus piriformis	A,	P,	Milz

Trichodina acuta	E,	L,	Kiemen
T. domerguei	E,	P, L,	Kiemen
T. megamicronucleata	E,	L,	Kiemen
T. meridionalis	E,	P, L,	
T. nigra	E,	P, L,	Kiemen
T. urinaria	E,	P, L,	Harnblase
Trichodinella epizootica	E,	G, P, L,	Kiemen
Trichophrya intermedia	E,	P,	
T. piscium	E, A,	P, L,	Haut, Kiemen
Trypanosoma acerinae	E,	G, P,	Blut
T. luciopercae	E,	L,	Blut
T. percae	E, A,	P,	Blut

Abkürzungen:
E = Eurasien, A = Amerika;
G = Gymnocephalus spp., P = Perca spp., L = Sander spp.;

METAZOA (Vielzeller)

Parasit	Vorkommen	Wirt	Befall
MONOGENA und TREMATODA:			
Allocreadium isoporum	E,	P,	
A. lobatum	A,	L,	Magen
Ancyrocephalus creplin	E,	P,	Kiemen
A. percae	A, E,	P,	Kiemen
A. paradoxus	E,	P, L,	Kiemen
Apatemon annuligerum	E,	P, L,	Augen
A. cobitidis	E,	P,	Nerven
Aponurus tschugunovi	E,	L,	
Apophallus americanus	A,	P, L,	
A. brevis	A,	P,	Kiemen, Haut, Flossen
A. itascensis	A,	P,	
A. muehlingi	E,	G, P, L,	
A. venustus	A,	P, L,	Muskeln
Ascocotyle eleostoma	E,	P, L,	
Aspidogaster limacoides	E,	P,	Darm
Asymphylodora sp.	A,	P,	
Azygia acuminata	A,	P, L,	
A. angusticauda	A,	P, L,	Magen, Darm
A. bulboa	A,	L,	Magen, Darm
A. longa	A,	P, L,	Magen, Darm
A. lucii	E,	G, P, L,	Magen, Darm
A. sebago	A,	P, L,	Magen, Darm
Bolboforus confusus	E,	P,	
Brachyphallus crenatus	E,	L,	Verdauungstrakt
Bucephaloide pusillia	A,	L,	
Bucephalopsis pusillum	A,	P, L,	Darm
Bucephalus elegans	A,	P,	Darm, Pylorus
B. markewitschi	E,	L,	Darm
B. polymorphus	E,	P, L,	Darm
Bunocotyle cingulata	E,	G, P, L,	Darm
B. eingulata	E,	L,	Darm
B. luciopercae	E, A,	P, L,	Darm
B. nodulosum	A,	P,	Darm
Bunodera luciopercae	E, A,	G, P, L,	Darm
Bunoderina sacculata	A,	P, L,	Darm
Centrovarium lobotes	A,	P, L,	Darm
Cleidodiscus aculeatus	A,	P, L,	Kiemen
Clinostomum complanatum	E, A,	P, L,	Kiemen, Muskeln
C. marginatum	A,	P, L,	Kiemen, Muskeln
Coitocoecum skrjabini	E,	P, L,	Darm
Cotylurus communis	A,	L,	Leber
C. pileatus	E,	G, P, L,	Augen
Crassiphiala bulboglossa	A,	P, L,	Haut, Muskeln
Crepidostomum cooperi	A,	P, L,	Darm, Gallenblase
C. farionis	E, A,	P,	Darm, Gallenblase
C. isotomum	A,	P,	Darm

C. laureatum	A,	P,	Darm
Crowcrocoecum skrjabini	E,	G, P, L,	Darm
Cryptogonimus chili	A,	P,	Darm, Magen
Dactylogyrus tenuis	E,	P,	Kiemen
D. amphibothrium	E,	G,	Kiemen
D. extensus	A,	L,	Kiemen
D. hemiamphibothrium	E,	G,	Kiemen
Diplostomulum clavatum	E,	G, P, L,	Augen
D. huronense	A,	P,	Augen
D. scheuringi	A,	P, L,	Augen, Gehirn
Diplostomum adamsi	A,	P,	Augen
D. baeri	E,	P,	Augen
D. flexicaudum	A,	G,	Augen
D. gasterostei	E,	P,	Augen
D. spathaceum	E, A,	G, P, L,	Augen
D. volvens	E,	P,	Augen
Distomum nodulosum	A,	P,	
Diplozoon paradoxum	E,	P,	Kiemen
Echinochasmus donaldsoni	A,	P,	Kiemen
Euclinostomum heterostomum	E,	P,	
Euparyphium melis	A,	P,	Harnblase
Gyrodactylus cernuae	E,	G,	
G. longiradix	E, A,	G, P,	Kiemen, Haut, Flossen
G. luciopercae	E,	L,	
Hemiurus appendiculatus	E,	P,	
H. ocreatus	E,	L,	Magen
Hysteromorpha triloba	E,	P, L,	
Ichthyocotylurus cucullus	E,	P,	
I. pileatus	E,	P, L,	
I. platycephalus	E,	G, P, L,	Augen, Magen, Leber,
Leuceruthrus sp.	A,	P,	
Maritrema medium	A,	P,	
Metagonimus yokogawai	E,	G, P, L,	Haut
Metorchis conjunctus	A,	P,	Muskeln
Microphallus medius	A,	P,	
M. opacus	A,	P,	Darm
Neascus brevicaudatus	E,	G, P,	Augen
N. ellipticus	A,	P,	Muskeln
N. longicollis	A,	P,	Haut
N. oneidensis	A,	P,	
N. pyriformis	A,	P, L,	Haut, Flossen
Neodiplostomulum sp.	E,	G,	
Paracoenogonimus ovatus	E,	P, L,	
Petasiger nitidus	A,	P,	
Phyllodistomum americanum	A,	P,	
P. angulatum	E,	G, P, L,	Harnblase
P. folium	E,	G, P, L,	
P. pseudofolium	E,	G, P, L,	
P. superbum	A,	P, L,	Harnblase
Posthodiplostomum brevicaudatum	E,	G, P,	Augen
P. cuticola	E,	G, P,	Haut, Kiemen
P. minimum	E, A,	P, L,	Leber, Milz, Niere

Prosorhynchoides pusillia	A,	L,	Magen, Pylorus
Ptychogonimus fontanus	A,	P,	Magen
Rhipidocotyle illense	E,	P, L,	Verdauungstrakt
R. papillosa	A,	P,	Muskeln
Rossicotrema donicum	E,	G, P, L,	
Sanguinicola occidentalis	A,	P, L,	Blut
Sphaerostoma bramae	E,	G, P,	Darm
Stephanophiala farionis	A,	P,	
Tetracotyle diminuti	A,	P, L,	Herz
T. echinata	E,	G, P,	Herz, Bauchfell
T. intermedia	E,	P,	Herz
T. percae-fluviatilis	E,	G, P,	Schwimmblase, Bauchfell
T. variegatus	E,	P, L,	Schwimmblase, Bauchfell
Tylodelphys clavata	E,	G, P, L,	Augen
T. podicipina	E,	P,	Augen
Urocleidus adspectus	A,	P,	Kiemen
U. aculeatus	A,	L,	Kiemen
Uvulifer amblopliitis	A,	P, L,	Kiemen, Haut, Muskeln

CESTODA:

Abothrium crassium	A,	L,	
Biacetabulum macrocephalum	A,	L,	
Bothriocephalus claviceps	E,	P, L,	Darm
B. cuspidatus	A,	P, L,	Pylorus
Corallobothrium sp.	A,	P,	Darm
Cyathocephalus truncatus	E, A,	G, P, L,	Darm
Diphyllobothrium latum	E, A,	G, P, L,	Muskeln, Bauchhöhle
Eubothrium crassum	E, A.	P, L,	Darm
Gryporhynchus cheilancristotus	E,	P,	
Ligula intestinalis	E, A,	P, L,	Bauchhöhle
Proteocephalus ambloplitis	A,	P, L,	Eingeweide
P. cernuae	E,	G, P, L,	Darm
P. dubius	E,	P,	Darm
P. exiguus	E,	P,	Darm
P. luciopercae	A,	L,	Darm
P. pearsei	A,	P, L,	Darm
P. percae	E,	G, P, L,	Darm
P. pinguis	A,	P, L,	Darm
P. stizostethi	A,	L,	Darm
P. torulosus	E,	P,	Darm
Schistiocephalus solidus	A,	P,	Bauchhöhle
Triaenophorus crassus	A, E	P, L,	Darm
T. lucii	E,	L,	Darm
T. nodulosus	E, A,	G, P, L,	Leber, Darm, Muskeln
T. stizostedionis	A,	L,	Darm
T. tricuspidatus	A,	P,	

NEMATODA:

Agamospirura sp.	E,	L,	
Anguillicola crassus	E,	G, P, L,	Schwimmblase
Anisakis marina	E,	L,	Magen, Leber, Gonaden
Ascarophis sp.	E,	L,	Leber
Camallanus lacustris	E,	G, P, L,	Darm
C. oxycephallus	A,	P, L,	Darm
C. truncatus	E,	G, P, L,	Darm
Capillaria catenata	A,	P, L,	Darm
C. petruschewski	E,	G,	Leber
C. salvelina	E,	P,	Darm
Contracaecum aduncum	E,	P,	Darm
C. brachyurum	A,	P, L,	Magen, Muskeln
C. rudolphii	A,	P,	
C. spiculigerum	A,	P,	Leber
C. squalii	E,	G, P, L,	Bauchhöhle
Cucullanellus cotylophora	A,	P, L,	Darm
Cucullanus cirratus	E,	L,	Darm
C. marinus	E,	L,	Darm
C. truttae	E,	P,	Darm
Cystidicola leposostei	A,	L,	
Dactinitoides cotylophora	A,	P, L,	
Desmidocercella numidica	E,	P, L,	
Diohelyne sp.	A,	P,	
Eustrongylides excisus	E,	G, P, L,	Muskeln, Bauchhöhle
E. mergorum	E,	G, P,	Muskeln
E. tubifex	A,	P,	Muskeln
Gnathostoma sp.	E,	P, L,	
Ichthyobronema conoura	E,	P,	Darm
I. tenuissima	E,	P,	Magen
Philometra abdominalis	E,	L,	
P. cylindracea	A,	P, L,	Darm, Bauchhöhle
P. ovata	E,	G,	
Porrocaecum reticulatum	E,	G, P, L,	Darm
Raphidascaris acus	E, A,	G, P, L,	Darm
R. cristata	E,	P,	Darm
Rhabdochona canadensis	A,	L,	Darm
R. cascadilla	A,	P,	Darm
R. ovifilament	A,	P,	Darm
Shulmanella petruschewskii	E,	P,	Leber
Spinitectus carolini	A,	P, L,	Darm
S. gracilis	A,	P, L,	Darm
Spiroxys sp.	A,	P,	Darm

ACANTHOCEPHALA:

Acanthocephalus anguillae	E,	G, P, L,	Darm
A. clavula	E,	P,	Darm
A. jacksoni	A,	P,	Darm
A. lucii	E,	G, P, L,	Darm
Corynosoma caspicum	E,	L,	
C. semerme	E,	G, P, L,	Bauchhöhle
C. strumosum	E,	G, P, L,	Darm

Leptorhynchoides thecatus	A,	P, L,	Darm
Metechinorhynchus clavula	E,	P, L,	Darm
M. coregoni	A,	P,	Darm
M. gadi	E,	G,	Darm
M. lateralis	A,	P,	Darm
M. salmonis	E, A,	P, L,	Darm, Pylorus
M. salvelini	A,	P,	Darm
M. truttae	E,	P,	Darm
Neoechinorhynchus crassus	A,	L,	Darm
N. cylindratus	A,	P, L,	Darm
N. pungitius	A,	P,	Darm, Magen
N. rutili	E, A,	G, P, L,	Darm, Pylorus
N. tenellus	A,	L,	Darm
Paratenuisentis ambiguus	E,	G, P, L,	Darm
Pomphorhynchus bulbocolli	A,	P, L,	Darm
P. laevis	E,	G, P, L,	Darm
Pseudoechinorhynchus clavula	E,	G, P,	
HIRUDINA:			
Actinobdella sp.	A,	P,	
Batracobdella phalera	A,	L,	
Cystobranchus verrilli	A,	L,	
Hemiclepsis marginata	E,	G, P,	
Illinobdella alba	A,	P,	Haut
I. moorei	A,	P, L,	Flossen
Macrobdella decora	A,	L,	Haut
Myzobdella lugbubris	A,	P, L,	Flossen
Percymoorenis marmorata	A,	L,	Haut
Piscicola geometra	E, A,	G, P, L,	Haut, Kiemen
P. punctata	A,	P, L,	Haut, Kiemen
Placobdella parasitica	A,	P,	Haut
P. pediculata	A,	L,	
P. picta	A,	P,	
BIVALVIA:			
Actinonaias carinata	A,	P, L,	
Anodonta anatina	E, A,	G, P, L	Kiemen
A. cygnea	E, A,	G, P, L	Kiemen
Amblema plicata	A,	L,	Kiemen
Elliptio complanata	A,	P,	Kiemen
Ellipsaria lineolata	A,	L,	Kiemen
Lampsilis radiate	A,	P, L	Kiemen
Ligumia recta	A,	L	Kiemen
Megalonaias gigantea	A,	L,	
Pseudanodonta complanata	E,	P, L	
Plethobasus cyphyus	A,	L,	
Quadrula metanevra	A,	L,	
Truncilla truncata	A,	L	
Unio crassus	E,	G,	
U. pictorum	E,	P,	
U. tumidus	E,	P,	

CRUSTACEA:

Achtheres lacae	A,	P,	Kiemen
A. percarum	E,	P, L,	Kiemen, Maul
Argulus appendiculosus	A,	P, L,	
A. biramosus	A,	P, L,	
A. canadensis	A,	L,	
A. catostomi	A,	P,	
A. foliaceus	E,	G, P, L,	Haut, Maul
A. stizostethii	A,	P, L,	Haut, Flossen
A. versicolor	A,	P, L,	Flossen
Caligus lacustris	E,	P, L,	Haut, Kiemen
Ergasilus briani	E,	G, P,	Kiemen
E. caeruleus	A,	P, L,	Kiemen
E. centrarchidarium	A,	P, L,	Kiemen
E. confusus	A,	P, L,	Kiemen
E. luciopercarum	A,	P, L,	Kiemen
E. sieboldi	E,	G, P, L,	Kiemen
Lernaea cyprinacea	E,	P,	Haut
L. esocina	E,	G, P, L,	Haut, Kiemen
Lernaeaocea sp.	A,	L,	
Paraergasilus longidigitus	E,	P,	
Thersitina gasterostei	E,	P,	Haut

ACARINA:

Hydrachna sp.	A,	P,	Kiemen

Abkürzungen:
E = Eurasien, A = Amerika;
G = Gymnocephalus spp., P = Perca spp., L = Sander spp.;

Adressen

Deutschland:

Fischgesundheitsdienst Bayern, Senator-Gerauerstraße 23, 85586 Poing/Grub
Fischgesundheitsdienst Aulendorf, Löwenbreitestraße 20, 88326 Aulendorf
Fischgesundheitsdienst Stuttgart, Atzenbergstraße 16, 70174 Stuttgart
Fischgesundheitsdienst Freiburg, Am Moosweiher 2, 79108 Freiburg
Fischgesundheitsdienst Heidelberg, Czernyring 22, 69115 Heidelberg
Fischgesundheitsdienst Hessen, Marburgerstraße 54, 35396 Gießen
Fischgesundheitsdienst Nordrhein-Westfalen, Heinsbergerstraße 51, 57399 Kirchhundem
Fischgesundheitsdienst Rheinland-Pfalz, Blücherstraße 34, 56073 Koblenz
Fischgesundheitsdienst Niedersachsen, Eintrachtweg 17, 30173 Hannover
Fischgesundheitsdienst Schleswig-Holstein, Gutenbergstraße 75-77, 24116 Kiel
Fischgesundheitsdienst Sachsen-Anhalt, Haferbreiterweg 132-135, 39576 Stendal
Fischgesundheitsdienst Potsdam, Pappelallee 2, 14469 Potsdam
Fischgesundheitsdienst Sachsen, Berlinerstraße 34, 04105 Leipzig
Fischgesundheitsdienst Cottbus, Schlachthofstraße 18, 03044 Cottbus
Veterinärinstitut Jena, Naumburgerstraße. 96, 07743 Jena
Veterinärinstitut Bad Langensalza, Tennstedterstraße, 99947 Bad Langensalza
Fischdiagnostik Mecklenburg-Vorpommern, Eldenburg 71, 17192 Waren/Müritz
Bayer. Landesanstalt für Fischerei, Weilheimerstraße 8a, 82319 Starnberg
Bayer. Landesanstalt für Wasserforschung, Kaulbachstraße 37, 80539 München
Institut für Binnenfischerei, Müggelseedamm 310, 12587 Berlin
Institut für Meereskunde, Düsternbrooker Weg 20, 24105 Kiel
Bundesforschungsanstalt für Fischerei, Palmaille 9, 22767 Hamburg
Fischereiamt Bremen, Fischkai 31, 27572 Bremerhaven

Österreich:

Bundesamt für Wasserwirtschaft, Scharfling 18, 5310 Mondsee
Institut für Fischkunde, Veterinärplatz 1, 1210 Wien
Institut für Hydrobiologie, Max Emanuel-Straße 17, 1180 Wien
Institut für Limnologie, Mondseestraße 5, 5310 Mondsee
Institut für Seenforschung, Kirchengasse 43, 9020 Klagenfurt
Institut für Wassergüte, Marxergasse 2, 1030 Wien
Landesfischereizentrum Vorarlberg, Auhafendamm 1, 6971 Hard

Schweiz:

Zentrum für Fisch- und Wildtiermedizin, Lengass-Straße 122, 3001 Bern
Bundesamt für Umwelt, Worblentalstraße 68, 3003 Bern
Bundesamt für Landwirtschaft, Mattenhofstraße 5, 3003 Bern

Niederlande:

Zentraler Fischgesundheitsdienst, Postfach 65, 8200 Lelystad
Institut für Fischreiforschung, Haringkade 1, 1970 AB Ijmuiden
Organisation zur Verbesserung der Binnenfischerei, Buxtehudelaan 1, 3420 Nieuwegein

Autor:

Fischzuchtmeister Martin Hochleithner, Unterbrunnweg 3, A-6370 Kitzbühel, Österreich
Tel: 05356/71399, Fax: 05356/64870, Mobil: 0664/1048297

Etheostomatinae

Springbarsche (Darter) sind kleine barschartige Fische, die nur in Nordamerika vorkommen (25-60° Nördlicher Breite). Ihr Verbreitungsgebiet erstreckt sich östlich der Rocky Mountains, von der Hudson Bay über die Großen Seen, der Atlantikküste entlang bis zum Golf vom Mexiko und über das Mississippi Becken bis zur Pazifikküste Mexikos. Die größte Artenvielfalt (Diversität) kommt im Tennessee und Cumberland River System vor. Die meisten Arten kommen in fließenden Gewässern vor, einige bevorzugen Rauschestrecken, andere Pools und wieder andere Sandbänke, oder Quellgebiete. Die Wanderung beträgt meist nur wenige Kilometer flussaufwärts zum Laichen und flussabwärts zum Überwintern.

Freiwasserformen haben generell einen zylindrischeren Körper, eine spitzere Schnauze und proportional kürzere Brustflossen als die Bodenformen. Die Bodenformen haben meist keine Schwimmblase und schwimmen weniger aktiv durchs Gewässer. Viele Arten sind territorial, bei ihnen sind die Männchen, die meist etwas größere Rücken-, After- oder Brustflossen haben als die Weibchen, besonders intensiv und prächtig gefärbt (rot, orange, gelb, grün, blau), vor allem zur Laichzeit. Die Bodenformen haben meist dunkle vertikale Flecken und die Freiwasserformen einen dunklen horizontalen Streifen an der Seite. Die Sanddarter graben sich oft im Sand ein, sind meist eher farblos bis transparent oder haben dunkle Flecken am Rücken. Bei den meisten Darter befindet sich ein dunkler Streifen vor oder unter den Augen.

Viele Darter, vor allem die Männchen, bekommen zur Laichzeit einen Laichausschlag, meist am Ende der Flossenstrahlen (Rücken- oder Brust- und Bauchflossen), oder am Kiemendeckel. Dieser Laichausschlag, keratinisierte gelblich-weiße Warzen der Oberhaut, dienen vermutlich als Kontaktorgan während des Laichens oder eher zum Imitieren abgelegter Eier. Alle Männchen der Gattung *Percina* haben vergrößerte und stark gezähnte Schuppen an der Brust. Solche modifizierten Schuppen finden sich auch bei den meisten Weibchen an der Brust und bei den meisten Männchen zusätzlich entlang des Bauches. Die restlichen Gattungen haben keine modifizierten Schuppen. Einige Darter, vor allem die Weibchen, haben eine vergrößerte, konische oder röhrenförmige Geschlechtspapille, die der Ablage der Geschlechtsprodukte dient. Die Geschlechtsreife wird meist im Alter von einem Jahr mit einer Größe von 2,4-5,0 cm erreicht.

Western Sand Darter (*Ammocrypta clara*). (Foto: K.P. Schmidt)

Cristal Darter (*Ammocrypta asprella*). (Foto: K.P. Schmidt)

Greenside Darter (*Etheostoma blennioides*). (Foto: P. Vecsei)

Gilt Darter (*Percina evides*). (Foto: P. Vecsei)

Die Laichzeit erstreckt sich, je nach Temperatur und Breitengrad, im Süden früher als im Norden, von Februar bis August und kann sich ganz im Süden auch über das ganze Jahr erstrecken.
Die 100-1.400 klebrigen, eher farblos transparenten Eier mit einer Größe von 1-3 mm werden meist in Intervallen über eine größere Fläche abgegeben. Von einigen Arten werden die Eier im Substrat vergraben, von anderen auf Pflanzen oder Steinen abgelegt und nicht bewacht bzw. unter großen Steinen in Gruppen oder Reihen geheftet und vom Männchen bewacht. Gelegentlich treten auch Hybriden zwischen den Arten und teilweise sogar zwischen den Gattungen (*Etheostoma* und *Percina*) auf. Die Erbrütungsdauer beträgt, je nach Wassertemperatur, etwa 5 Tage bei 28 °C, 9 Tage bei 20 °C oder 27 Tage bei 10 °C. Die frisch geschlüpften Larven sind etwa 3-7 mm lang.
Die Nahrung besteht anfangs aus Zooplankton, später hauptsächlich aus Insektenlarven und gelegentlich aus anderen kleinen Krebstieren sowie Schnecken.
Das Wachstum ist relativ langsam. Bei den meisten Arten wachsen die Männchen schneller und sind bei gleichem Alter im Durchschnitt größer als die Weibchen. Darter können bis zu 5-20 cm lang und 1-6 Jahre alt werden.
Darter haben fischereilich keine Bedeutung, sie kommen jedoch oft in hohen Dichten (bis zu 33 St./m^2) vor und stellen für andere Tiere eine wichtige Nahrungsquelle dar. Einige Arten der Gattung *Etheostoma* sind auch beliebte Aquarienfische und relativ leicht in unbeheizten Aquarien mittlerer Größe zu halten. Sie bevorzugen sauberes und sauerstoffreiches Wasser, sowie Kiesgrund mit Steinen.

Folgende Gattungen, Untergattungen und Arten werden unterschieden:

Gattung *Ammocrypta*:

Untergattung *Ammocrypta* Jordan, 1877

Ammocrypta beanii Jordan, 1877 Naked Sand Darter
Ammocrypta bifascia Williams, 1975 Florida Sand Darter
Ammocrypta clara Jordan et Meek, 1885 Western Sand Darter
Ammocrypta meridiana Williams, 1975 Southern Sand Darter
Ammocrypta pellucida Putnam, 1863 Eastern Sand Darter
Ammocrypta vivax Hay, 1882 Scaly Sand Darter

Untergattung *Crystallaria* Jordan et Gilbert, 1885

Ammocrypta asprella Jordan, 1878 Cristal Darter
Ammocrypta cincotta Welsh et Wood, 2008 Diamond Darter

Gattung Etheostoma:

Untergattung *Allohistium* Bailey, 1955

Etheostoma cinereum Storer, 1845 Ashy Darter

Untergattung *Belophlox* Fowler, 1947

Etheostoma fricksium Hildebrand, 1923 Savannah Darter
Etheostoma okaloosae Fowler, 1941 Okaloosa Darter
Etheostoma mariae Fowler, 1947 Pinewoods Darter

Untergattung *Boleichthys* Girard, 1859

Etheostoma collis Hubbs et Cannon, 1935 Carolina Darter
Etheostoma exile Girard, 1860 Iowa Darter
Etheostoma fusiforme Girard, 1854 Swamp Darter
Etheostoma saludae Hubbs et Cannon, 1935 Saluda Darter
Etheostoma serrifer Hubbs et Cannon, 1935 Sawcheek Darter
Etheostoma zonifer Hubbs et Cannon, 1935 Backwater Darter

Untergattung *Boleosoma* DeKay, 1842

Etheostoma longimanum Jordan, 1888 Longfin Darter
Etheostoma nigrum Rafinesque, 1820 Johnny Darter
Etheostoma olmstedi Storer, 1842 Tessellated Darter
Etheostoma perlongum Hubbs et Raney, 1946 Waccamaw Darter
Etheostoma podostemone Jordan et Jenkins, 1889 Riverweed Darter
Etheostoma susanae Jordan et Swain, 1883 Cumberland Darter

Untergattung *Catonotus* Agassiz, 1854

Etheostoma barbouri Kuehne et Small, 1971 Teardrop Darter
Etheostoma basilare Page, Hardman et Near, 2003 Corrugated Darter
Etheostoma brevispinum Coker, 1926 Carolina Fantail Darter
Etheostoma chienense Page et Ceas, 1992 Relict Darter
Etheostoma corona Page et Ceas, 1992 Crown Darter
Etheostoma crossopterum Braasch et Mayden, 1985 Fringed Darter
Etheostoma derivativum Page, Hardman et Near, 2003 Stone Darter
Etheostoma flabellare Rafinesque, 1819 Fantail Darter
Etheostoma forbesi Page et Ceas, 1992 Barrens Darter
Etheostoma kennicotti Putnam, 1863 Stripetail Darter
Etheostoma lemniscatum Blanton, 2008 Tuxedo Darter
Etheostoma marmorpinnum Blanton et Jenkins, 2008 Marbled Darter
Etheostoma neopterum Howell et Dingerkus, 1978 Lollipop Darter
Etheostoma nigripinne Braasch et Mayden, 1985 Blackfin Darter
Etheostoma obeyense Kirsch, 1892 Barcheek Darter
Etheostoma olivaceum Braasch et Page, 1979 Sooty Darter
Etheostoma oophylax Ceas et Page, 1992 Guardian Darter
Etheostoma percnurum Jenkins, 1994 Duskytail Darter
Etheostoma pseudovulatum Page et Ceas, 1992 Egg-mimic Darter
Etheostoma squamiceps Jordan, 1877 Spottail Darter
Etheostoma sitikuense Blanton, 2008 Citico Darter
Etheostoma smithi Page et Braasch, 1976 Slabrock Darter

Etheostoma striatulum Page et Braasch, 1977 Striated Darter
Etheostoma virgatum Jordan, 1880 Striped Darter

Untergattung *Doration* Jordan, 1929

Etheostoma jessiae Jordan et Brayton, 1878 Blueside Darter
Etheostoma meadiae Jordan et Evermann, 1898 Bluespar Darter
Etheostoma stigmaeum Jordan, 1877 Speckled Darter

Untergattung *Etheostoma* Rafinesque, 1819

Etheostoma blennioides Rafinesque, 1819 Greenside Darter
Etheostoma blennius Gibert et Swain, 1887 Blenny Darter
Etheostoma gutselli Hildebrand,, 1932 Tuckasegee Darter
Etheostoma histrio Jordan et Gilbert, 1887 Harlequin Darter
Etheostoma inscriptum Jordan et Brayton, 1878 Turquoise Darter
Etheostoma lynceum Hay, 1885 Brighteye Darter
Etheostoma rupestre Gilbert et Swain, 1887 Rock Darter
Etheostoma sellare Radcliffe et Welsh, 1913 Maryland Darter
Etheostoma swannanoa Jordan et Evermann, 1889 Swannanoa Darter
Etheostoma thalassinum Jordan et Brayton, 1878 Seagreen Darter
Etheostoma zonale Cope, 1868 Banded Darter

Untergattung *Fuscatelum* Page, 1981

Etheostoma parvipinne Gilbert et Swain, 1887 Goldstripe Darter
Etheostoma phytophilum Bart et Taylor, 1999 Rush Darter

Untergattung *Hololepis* Agassiz, 1863

Etheostoma collis Hubbs et Cannon, 1935 Carolina Darter
Etheostoma exile Girard, 1859 Iowa Darter
Etheostoma fusiforme Girard, 1854 Swamp Darter
Etheostoma gracile Girard, 1859 Slough Darter
Etheostoma saludae Hubbs et Cannon, 1935 Saluda Darter
Etheostoma zerrifer Hubbs et Cannon, 1935 Sawcheek Darter
Etheostoma zonifer Hubbs et Cannon, 1935 Blackwater Darter

Untergattung *Ioa* Jordan et Brayton, 1878

Etheostoma vitreum Cope, 1870 Glassy Darter

Untergattung *Litocara* Bailey, 1948

Etheostoma nianguae Gilbert et Meek, 1887 Niangua Darter
Etheostoma sagitta Jordan et Swain, 1883 Arrow Darter

Untergattung *Microperca* Putnam, 1863

Etheostoma fonticola Jordan et Gilbert, 1886 Fountain Darter
Etheostoma microperca Jordan et Gilbert, 1888 Least Darter
Etheostoma proeliare Hay, 1881 Cypress Darter

Untergattung *Nothonotus* Agassiz, 1863

Etheostoma acuticeps Bailey, 1959 Sharphead Darter
Etheostoma aquali Williams et Etnier, 1978 Coppercheek Darter
Etheostoma bellum Zorach, 1968 Orangefin Darter
Etheostoma camurum Cope, 1870 Bluebreast Darter
Etheostoma chlorobranchium Zorach, 1972 Greenfin Darter
Etheostoma chuckwachattee Mayden et Wood, 1993 Lipstick Darter
Etheostoma denoncourti Stauffer et Van Snik, 1997 Golden Darter
Etheostoma douglasi Wood et Mayden, 1993 Tuskaloosa Darter
Etheostoma etowahae Wood et Mayden, 1993 Etowah Darter
Etheostoma jordani Gilbert, 1891 Greenbreast Darter
Etheostoma juliae Meek, 1891 Yoke Darter
Etheostoma maculatus Kirtland, 1840 Spotted Darter
Etheostoma microlepidum Raney et Zorach, 1967 Smallscale Darter
Etheostoma moorei Raney et Suttkus, 1964 Yellowcheek Darter
Etheostoma rubrum Raney et Suttkus, 1966 Bayou Darter
Etheostoma rufilineatum Cope, 1870 Redline Darter
Etheostoma sanguifluum Cope, 1870 Bloodfin Darter
Etheostoma starnesi Keck et Near, 2013 Caney Fork Darter
Etheostoma tippecanoe Jordan et Evermann, 1890 Tippecanoe Darter
Etheostoma vulneratum Cope, 1870 Wounded Darter
Etheostoma wapiti Etnier et Williams, 1989 Boulder Darter

Untergattung *Oligocephalus* Girard, 1859

Etheostoma artesiae Hay, 1881 Redspot Darter
Etheostoma asprigene Forbes, 1878 Mud Darter
Etheostoma australe Jordan, 1889 Conchos Darter
Etheostoma bison Ceas et Page, 1997 Buffalo Darter
Etheostoma burri Ceas et Page, 1997 Brook Darter
Etheostoma caeruleum Storer, 1845 Rainbow Darter
Etheostoma collettei Bridsong et Knapp, 1969 Creole Darter
Etheostoma ditrema Ramsey et Suttkus, 1965 Coldwater Darter
Etheostoma grahami Girard, 1859 Rio Grande Darter
Etheostoma hopkinsi Fowler, 1945 Christmas Darter
Etheostoma kantuckeense Ceas et Page, 1997 Highland Rim Darter
Etheostoma lawrencei Ceas et Burr, 2002 Headwater Darter
Etheostoma lepidum Baird et Girard, 1853 Greenthroat Darter
Etheostoma lugoi Norris et Minckley, 1997 Tufa Darter
Etheostoma luteovinctum Gilbert et Swain, 1887 Redband Darter
Etheostoma nuchale Howell et Caldwell, 1965 Watercress Darter
Etheostoma pottsii Girard, 1859 Chihuahua Darter
Etheostoma pulchellum Distler, 1968 Plains Darter
Etheostoma radiosum Hubbs et Black, 1941 Orangebelly Darter
Etheostoma segrex Norris et Minckley, 1997 Rio Salado Darter
Etheostoma spectabile Agassiz, 1854 Orangethroat Darter
Etheostoma squamosum Distler, 1968 Plateau Darter
Etheostoma swaini Jordan, 1884 Gulf Darter
Etheostoma tecumsehi Ceas et Page, 1997 Shawnee Darter
Etheostoma whipplii Girard, 1859 Redfin Darter

Untergattung *Ozarka* Williams et Robison, 1980

Etheostoma autumnale Mayden, 2010 Autumn Darter
Etheostoma boschungi Wall et Williams, 1974 Slackwater Darter
Etheostoma cragini Gibert, 1885 Arkansas Darter
Etheostoma mihileze Mayden, 2010 Sunburst Darter
Etheostoma pallididorsum Distler et Metcalf, 1962 Paleback Darter
Etheostoma punctulatum Agassiz, 1854 Stippled Darter
Etheostoma trisella Bailey et Richards, 1963 Trispot Darter

Untergattung *Poecilichthys* Agassiz, 1854

Etheostoma erythrozonum Switzer et Wood, 2009Meramec Saddled Darter
Etheostoma euzonum Hubbs et Black, 1940 Arkansas Saddled Darter
Etheostoma kanawhae Raney, 1941 Kanawha Darter
Etheostoma osburni Hubbs et Trautman, 1932 Candy Darter
Etheostoma tetrazonum Hubbs et Black, 1940 Missouri Saddled Darter
Etheostoma variatum Kirtland, 1838 Variegate Darter

Untergattung *Psychromaster* Jordan et Evermann, 1896

Etheostoma tuscumbia Gilbert et Swain, 1887 Tuscumbia Darter

Untergattung *Ulocentra* Jordan, 1878

Etheostoma atripinne Jordan, 1877 Cumberland Snubnose Darter
Etheostoma baileyi Page et Burr, 1982 Emerald Darter
Etheostoma barrenense Burr et Page, 1982 Splendid Darter
Etheostoma bellator Suttkus et Bailey, 1993 Warrior Darter
Etheostoma brevirostrum Suttkus et Etnier, 1991 Holiday Darter
Etheostoma cervus Powers et Mayden, 2003 Chickasaw Darter
Etheostoma chermocki Boschung, Mayden et Tomelleri, 1992 Vermillion Darter
Etheostoma colorosum Suttkus et Bailey, 1993 Coastal Darter
Etheostoma coosae Fowler, 1945 Coosa Darter
Etheostoma duryi Henshall, 1889 Black Darter
Etheostoma etnieri Bouchard, 1977 Cherry Darter
Etheostoma flavum Etnier et Bailey, 1989 Saffron Darter
Etheostoma lachneri Suttkus et Bailey, 1994 Tombigbee Darter
Etheostoma planasaxatile Powers et Mayden, 2007 Duck Darter
Etheostoma pyrrhogaster Bailey et Etnier, 1988 Firebelly Darter
Etheostoma rafinesquei Burr et Page, 1982 Kentucky Darter
Etheostoma ramseyi Suttkus et Bailey, 1994 Alabama Darter
Etheostoma raneyi Suttkus et Bart, 1994 Yazoo Darter
Etheostoma scotti Bauer, Etnier et Burkhead, 1995 Cherokee Darter
Etheostoma simoterum Cope, 1868 Snubnose Darter
Etheostoma tallapoosae Suttkus et Etnier, 1991 Tallapoosa Darter
Etheostoma zonistium Bailey et Ethnier, 1988 Bandfin Darter

Untergattung *Vaillantia* Jordan, 1978

Etheostoma chlorosoma Hay, 1881 Bluntnose Darter
Etheostoma davisoni Hay, 1885 Choctawhatchee Darter

Untergattung *Villora* Hubbs et Cannon, 1935

Etheostoma edwini Hubbs et Cannon, 1935 Brown Darter

Gattung *Percina*:

Untergattung *Alvordius* Girard, 1859

Percina crassa Jordan et Brayton, 1878 Piedmont Darter
Percina gymnocephala Beckham, 1980 Appalachia Darter
Percina kusha Williams, Neely, Walsh et Burkhead, 2007 Bridled Darter
Percina macrocephala Cope, 1867 Longhead Darter
Percina maculata Girard, 1860 Blackside Darter
Percina nevisense Cope, 1870 Neuse Darter
Percina notogramma Raney et Hubbs, 1948 Stripeback Darter
Percina pantherina Moore et Reeves, 1955 Leopard Darter
Percina peltata Stauffer, 1864 Shield Darter
Percina roanoka Jordan et Jenkins, 1889 Roanoke Darter
Percina sipsi Williams Neely, Walsh et Burkhead, 2007 Bankhead Darter
Percina smithvanizi Williams Neely, Walsh et Burkhead, 2007 Muscadine Darter

Untergattung *Cottogaster* Putnam, 1863

Percina aurora Suttkus et Thompson, 1994 Pearl Darter
Percina brevicauda Suttkus et Bart, 1994 Coal Darter
Percina copelandi Jordan, 1877 Channel Darter

Untergattung *Ericosma* Jordan et Copeland, 1877

Percina evides Jordan et Copeland, 1877 Gilt Darter
Percina palmaris Bailey, 1940 Bronze Darter

Untergattung *Hadropterus* Agassiz, 1854

Percina apristis Hubbs et Hubbs, 1954 Guadalupe Darter
Percina aurolineata Suttkus et Ramsey, 1967 Goldline Darter
Percina crypta Freeman, Freeman et Burkhead, 2008 Halloween Darter
Percina lenticula Richards et Knapp, 1964 Freckled Darter
Percina nigrofasciata Agassiz, 1854 Blackbanded Darter
Percina sciera Swain, 1883 Dusky Darter

Untergattung *Hypohomus* Cope, 1870

Percina aurantiaca Cope, 1868 Tangerine Darter

Untergattung *Imostoma* Jordan, 1877

Percina antesella Williams et Etnier, 1977 Amber Darter
Percina shumardi Girard, 1860 River Darter
Percina tanasi Etnier, 1976 Snail Darter
Percina uranidea Jordan et Gilbert, 1887 Stargazing Darter
Percina vigil Hay, 1882 Saddleback Darter

Untergattung *Odontopholis* Page, 1974

Percina cymatotaenia Gilbert et Meek, 1887 Bluestripe Darter
Percina stictogaster Burr et Page, 1993 Frecklebelly Darter

Untergattung *Percina* Haldeman, 1842

Percina austroperca Thompson, 1995 Southern Logperch
Percina bimaculata Haldeman, 1844 Chesapeake Logperch
Percina burtoni Fowler, 1945 Blotchside Logperch
Percina caprodes Rafinesque, 1818 Common Logperch
Percina carbonaria Baird et Girard, 1853 Texas Logperch
Percina fluviatilis Morris et Page, 1981 Ozark Logperch
Percina jenkinsi Thompson, 1985 Conasauga Logperch
Percina kathae Thompson, 1997 Mobile Logperch
Percina macrolepida Stevenson, 1971 Bigscale Logperch
Percina rex Jordan et Evermann, 1889 Roanoke Logperch
Percina suttkusi Thompson, 1997 Gulf Logperch

Untergattung *Swainia* Jordan et Evermann, 1896

Percina nasuta Bailey, 1941 Longnose Darter
Percina oxyrhynchus Hubbs et Raney, 1939 Sharpnose Darter
Percina phoxocephala Nelson, 1876 Slenderhead Darter
Percina squamata Gilbert et Swain, 1887 Olive Darter

Synonyme

Bezeichnung Seite

Literatur

Referenzen:

Adamek Z., 2000: Prey selectivity in pike (*Esox lucius*), zander (*Stizostedion lucioperca*) and perch (*Perca fluviatilis*) under experimental conditions. EAS Special Publication, No. 28: 9.

Amann E., 1975: Nahrungsumstellung und Zunahme der Barsche (*Perca fluviatilis*) im Bodensee-Obersee infolge der Eutrophierung. Österreichs Fischerei, 28 (5/6): 72-76.

Anwand K., 1989: Blei, Plötze und Barsch als Wirtschaftsobjekte – Eine Übersicht. Zeitschrift für die Binnenfischerei der DDR, 36 (3): 53-65.

Baer J., 2004: Eignung von Zander und Streifenbarsch für Kreislaufanlagen. Fischer & Teichwirt, 55 (4): 606-608.

Baer J., Zienert S., Wedekind H., 2001: Neue Erkenntnisse zur Umstellung von Natur- auf Trockenfutter bei der Aufzucht von Zandern (*Sander lucioperca* L.). Fischer & Teichwirt, 52 (7): 243-244.

Barthelmes D., 1988: Neue Gesichtspunkte zur Entwicklung und Bewirtschaftung von Zanderbeständen (*Stizostedion lucioperca*) – Teil I + II. Zeitschrift für die Binnenfischerei der DDR, 35 (11+12): 345-351 + 385-390.

Barton B.A. (Ed.) et al., 2011: Biology, Management, and Culture of Walleye and Sauger. American Fisheries Society, Bethesda. 600 pages.

Barus V., Oliva O. (Eds.) et al., 1995: Mihulovci Petromyzontes a Ryby Osteichthyes. Academie ved Ceské republiky, Praha.

Berg L.S., 1949: Ryby presnykh vod SSSR i sopredel'nykh stran. Izdatel'stvo Akademii Nauk SSSR, Moskva, Vol. 3, 510 pp.

Bódis M., Csapó I., 2004: Süllőkeltetés a gyakorlatban I. – Különböző típusú süllőfészkek összehasonlítása és egy új ikraszámlálási módszer bemutatása. Halászat, 4: 132-133.

Bohl M., 1999 (Ed.) et al.: Zucht und Produktion von Süßwasserfischen. VerlagsUnion Agrar, Frankfurt am Main. 720 Seiten.

Cihar J., 1993: Europäische Süßwasserfische. W. Dausien Verlag, Hanau. 184 Seiten.

Colby P.J., McNicol R.E., Ryder R.A., 1979: Synopsis of biological data on the walleye, *Stizostedion v. vitreum* (Mitchill 1818). FAO Fisheries Synopsis, 119: 139 pp.

Craig J.F. (Ed.) et al., 2000: Percid Fishes: Systematics, Ecology and Exploitation. Blackwell Science, Oxford. 352 pages.

Dabrowski K., Ciereszko A., Ramseyer L., Culver D., Kestmont P., 1993: Effects of hormonal treatment on induces spermination and ovulation of the Yellow perch (*Perca flavescens*). EAS Special Publication, No. 19: 220.

Dörner H., Lappalainen J., Wysujack K., 2003: Die Fortpflanzungsbiologie des Zanders - ein Überblick. Fischer & Teichwirt, 54 (3): 89-92.

Dörner H., Lappalainen J., Wysujack K., 2003: Wachstum, Nahrungsökologie und Habitatnutzung des Zanders. Fischer & Teichwirt, 54 (5): 167-170.

Dubois J.P., Gillet C., Bonnet S., 1993: Actual state of production of perch: Problems and prospects. II. Production of perch under natural and seli-natural conditions. EAS, Special Publication, No. 20: 49-51.

Dukravets G.M., 1998: The status of *Perca schrenki* (Percidae) in Kazakhstan, Italian Journal of Zoology, 65: 373-376.

Etnier D.A., Starnes W.C., 1993: The Fishes of Tennessee. The University of Tennessee Press, Knoxville. 689 pages.

Fontaine P., 2002: Verbesserte Zucht des Flussbarsches, *Perca fluviatilis*. Fischer & Teichwirt, 54 (3): 97-98. - EU-Ref.: Fair 9241; Aqua-Flow-Ref.: TL2002-086, 087, 094, 095.

Fontaine P., Kestemont P., Teletchea F., Wang N. (Eds.) et al., 2008: Percid Fish Culture: From Research to Production. Abstracts and short communications. Presses Universitaires de Namur. 150 pp.

Fontaine P., Tamazouzt L., Trever D., Georges A., 1993: Actual state of production of perch: Problems and prospects. I. Mass rearing potentialities of the common perch under controlled conditions. EAS Special Publication, No. 20: 46-48.

Geiger M.F., Schliewen U.K., 2010: *Gymnocephalus ambriaelacus*, a new species of ruffe from Lake Ammersee, southern Germany (Teleostei, Perciformes, Percidae). Spixiana, 33 (1): 119-137.

Günther S., Rennert B., Wirth M., 2004: Der Einfluss der Ernährung auf das Wachstum und die Körperzusammensetzung beim Europäischen Zander (*Sander lucioperca* L.) unter kontrollierten Haltungsbedingungen. Fischer & Teichwirt, 55 (5): 650-654.

Haponski A.E., 2013: Evolutionary, Biogeographic, and Population Genetic Patterns of Walleye and other *Sander*: Relationships across Continents, Corridors, and Spawning Sites. Ohio Sea Grant Publication. PhD. University of Toledo. 267 pp.

Hartmann J., 1988: Zur Berechnung der Sterblichkeitsraten beim Barsch des Bodensees. Österreichs Fischerei, 41 (1): 14-21.

Hartmann J., Knöpfler G., 1986: Barschwachstum im Bodensee. Österreichs Fischerei, 39 (2/3): 45-51.

Hartmann J., Quoß O., 1986: Selektivität von Kiemennetzen im Bodensee. Österreichs Fischerei, 39 (11/12): 337-340.

Heckel J., Kner R., 1858: Die Süßwasserfische der Österreichischen Monarchie mit Rücksicht auf die angrenzenden Länder. Verlag W. Engelmann, Leipzig, Seite 233-286.

Heidrich S., Zienert S., Wedekind H., 2005: Kann Zanderbrut mit künstlichen Starterfuttermitteln aufgezogen warden? Fischer & Teichwirt, 56 (4): 133-134.

Holčík J., Hensel K., 1974: A New Species of *Gymnocephalus* (Pisces: Percidae) from the Danube, with Remarks on the Genus. Copeia, 2: 471-486.

Huet M. (Ed.) et al., 1972: Textbook of Fish Culture. Fishing News Books, Farnham, 438 pages.

Jaeger M.E., Zale A.V., McMahon T.E., Schmitz B.J., 2005: Seasonal Movements, Habitat Use, Aggregation, Exploitation, and Entrainment of Saugers in the Lower Yellowstone River. North American Journal of Fisheries Management, 25: 1550-1568.

Keck B.P., Near T.J., 2009: Patterns of Natural Hybridization in Darters (Percidae: Etheostomatinae). Copeia 2009 (4): 758-773.

Kestmont P., 1999: Vermindertes Konkurrenzverhalten bei Raubfischbrut. EU-Ref.: Fair 1572; Aqua-Flow-Ref.: TL99-045.

Klein M., 1991: Die Fischerei im Bodensee-Obersee im Jahre 1989 (Gesamtbericht). Fischer & Teichwirt, 42 (3): 72-74.

Klein M., 2001: Die Fischerei im Bodensee-Obersee im Jahre 2000 (Gesamtbericht). Fischer & Teichwirt, 52 (9): 323-327.

Kottelat M., 1997: European freshwater fishes. Biologia, Vol. 52, Suppl. 5, 271 pp.

Kouřil J., Hamáčková J., 2000: The semiartificial and artificial hormonally induced propagation of European perch (*Perca fluviatilis*). EAS Special Publication, No. 28: 345.

Kováč V., 2000: Early development of *Zingel streber*. Journal of Fish Biology, 57: 1381-1403.

Kucharczyk D., Kestemont P., Mamcarz A. (Eds.) et al., 2007: Artificial reproduction of pikeperch. Luciopercimprove, Polish Ministry of Science, Olsztyn. 80 pp.

Ladiges W., Vogt D., 1979: Die Süßwasserfische Europas. Parey Verlag, Hamburg und Berlin. 300 Seiten.

Lahnsteiner F., Kletzl M., Grubinger F., Strobl S., Reitinger H., Gollmann P., 2005: Versuche zur künstlichen Aufzucht von Zanderlarven (*Sander lucioperca*) in der Fischzucht Kreuzstein. Österreichs Fischerei, 58 (2/3): 60-63.

Lappalainen J., Malinen T., Rahikainen M., Vinni M., Nyberg K., Ruuhijärvi J., Salminen M., 2005: Temperature dependent growth and yield of pikeperch, *Sander lucioperca*, in Finnish lakes. Fisheries Management & Ecology, 12 (1): 27-35.

Larkin P.A., 1977: An epitaph for the concept of maximum sustained yield. Transactions of the American Fisheries Society, 106: 1-11.

Ljunggren L., 2003: Ernährungsökologie der Zanderbrut (*Sander lucioperca*): Bedeutung für die Aquakultur. Fischer & Teichwirt, 54 (10): 377. - Aqua-Flow-Ref: TL2003-126.

Lusk S., Halacka K., Lusková V., Vetesník L., 2004: Re-occurrence of *Zingel streber* (Teleostei: Pisces) in the Czech Republic. Folia Zool., 53 (4): 417-422.

Mari S. et al., 2001: Guide de Gestion pour la conservation de l'Apron du Rhône. RNF, Quetigny. 80 pp.

Mathis N., Jourdan S., Sulistyo I., Feidt C., Gardeur J.N., Fontaine P., Brun-Bellut J., 2000: Lipid storage variations in wild and intensive recirculated system reared perch (*Perca fluviatilis*). EAS Special Publication, No. 28: 451.

Migaud H., Sulistyo I., Fontaine P., Kestmont P., Gardeur J.N., 2000: Induction of out-of-season spawning in Eurasian Perch *Perca fluviatilis*: Effects of the cooling and chilling period length. EAS Special Publication, No. 28: 473

Müller T., Taller J., Kolics B., Kovács B., Urbányi B. Specziár A., 2010: First record of natural hybridization between pikeperch *Sander lucioperca* and Volga pikeperch *S. volgensis*. J. Appl. Ichthyol. 26, 481-484.

Müller T., Taller J., Nyitrai G., Kucska B., Cernák I., Bercsényi M., 2004: Hybrid of pikeperch, *Sander lucioperca* L. and Volga perch, *S. volgense* (Gmelin). Aquaculture Research, 35 (9): 915-916.

Müller-Belecke A., Zienert S., 2010: Laichzeitunabhängige Zandervermehrung bei Verzicht auf Hormone oder hormonähnliche Substanzen. Fischer & Teichwirt, 61 (3): 92-94.

Near T.J., Bossu C.M., Bradburd G.S., Carlson R.L., Harrington R.C., Hollingsworth P.R., Keck B.P., Etnier D.A., 2011: Phylogeny and Temporal Diversification of Darters (Percidae: Etheostomatinae). Systematic Biology, 60: 1-31.

Nikol'skii G.V., 1961: Special Ichthyology. Israel Program for Scientific Translation, Jerusalem. 538 pages.

Patzner R.A., 2004: Großmuscheln und ihre Wirtsfische. Österreichs Fischerei, 57 (11/12): 278-281.

Patzner R.A., Glechner R., Riehl R., 1994: Die Eier heimischer Fische 9. Streber, *Zingel streber* Siebold, 1863 (Percidae). Österreichs Fischerei, 47 (5/6): 122-125.

Planansky A., 1957: Über die künstliche, der natürlichen Fortpflanzung weitgehend angepasste Zucht des Zanders. Österreichs Fischerei, 10 (4): 41-44.

Polin H., Haunschmid R., Konecny R., 2002: Vergleich der metazoischen Parasitenfauna zweier Percidae, *Perca fluviatilis* L. und *Gymnocephalus cernua* L., aus dem Mondsee. Österreichs Fischerei, 55 (4 + 7): 88-95 + 160-167.

Quoß H., 1975: Barschfang im Bodensee-Obersee mit verschieden hohen Bodennetzen und unterschiedlicher Maschenweite. Österreichs Fischerei, 28 (1): 2-8.

Ratschan C., 2012: Verbreitung, Habitatwahl und Erhaltungszustand des Donaukaulbarsches (*Gymnocephalus baloni* Holcík & Hensel, 1974) in Österreich. Österreichs Fischerei, 65: 218-231.

Reichenbach-Klinke H.H. (Ed.) et al., 1980: Krankheiten und Schädigungen der Fische. Gustav Fischer Verlag, Stuttgart. 472 Seiten.

Reimer L.W., 2003: Parasiten der Barsche in der Mittelweser und ihr Einfluss auf das Verhalten der Fische. Fischer & Teichwirt, 54 (4): 130-131.

Rennert B., Wirth M., Günther S., Schulz C., 2004: Einsömmeriger Satzzander (*Sander lucioperca*) aus einer geschlossenen Warmwasserkreislaufanlage als Herbstbesatz. Fischer & Teichwirt, 55 (6): 688-690.

Ritter E., Staub E., Krämer A., 1990: Die Barsch-Kohorte 1988 im Bodensee: Wachstum im Vergleich mit früheren Kohorten. Österreichs Fischerei, 43 (10): 229-233.

Rougeot C., Ngingo J.V., Gillet L., Vanderplasschen A., Mélard C., 2004: Gynogenesis induction and sex determination in the Eurasian perch, *Perca fluviatilis*. Aquaculture, 243 (1-4): 411-415.

Schäperclaus W., Lukowicz M.v. (Ed.) et al., 1997: Lehrbuch der Teichwirtschaft. Parey Verlag, Berlin. 590 Seiten.

Schlott K., Gratzl G., 2005: Über das Vorstrecken von Zanderbrut in zwei Kleinteichen des Waldviertels. Österreichs Fischerei, 58 (2/3): 56-60.

Schlumpberger W., Schmidt K., 1980: Vorläufiger Stand der Technologie zur Aufzucht von vorgestreckten Zandern [*Stizostedion lucioperca* (L.)]. Zeitschrift für die Binnenfischerei der DDR, 27 (9): 284-286.

Schlumpberger W., Ziebarth G., 1981: Produktion von vorgestreckten Zandern in beleuchteten Gazekäfigen. Zeitschrift für die Binnenfischerei der DDR, 28 (5): 143-144.

Schmid J., 1996: Der Zander und seine Fischerei. Fischer & Teichwirt, 47 (11): 457-458.

Schumann G., 1964: Die Wirkung abnormaler Temperaturen auf das Laichen und die Entwicklungsfähigkeit der Eier nordamerikanischer Zander. Österreichs Fischerei, 17 (5): 85-87.

Scott W.B., Crossman E.J., 1973: Freshwater Fishes of Canada. Fisheries Research Board of Canada, Ottawa. Bulletin 184, 966 pages.

Shatz, Y., 2000: Fishstat Plus 2.30. Food and Agriculture Organisation, Roma.

Specziár A., Bíró P., 2002: Ecology of Volga pikeperch (*Sander volgense*) in Lake Balaton. Halászat, 95: 33-40.

Steffens W. (Ed.) et al., 1981: Moderne Fischwirtschaft. Verlag Neumann - Neudamm, Melsungen. 375 Seiten.

Steffens W., 2003: Polnische Erfahrungen bei der Aufzucht von Zandersetzlingen mit Trockenfutter. Fischer & Teichwirt, 54 (4): 135-136.

Szabó G., 2009: Investigations on meat quality and growth of Pikeperch (*Sander lucioperca* L.) and Volga Pikeperch (*Sander volgensis* Gmelin) fed artificial feeds with different fatty acid compositions. PhD Thesis, Kaposvár University. 29 pp.

Szczerbowski A., Luczynski M.J., Kucharczyk D., 2000: The effect of stocking density on growth of perch (*Perca fluviatilis* L.) fry, reared under controlled conditions. EAS Special Publication, No. 28: 694.

Tamazouzt L., Capdeville B., Fontaine P., Trever D., Georges A., 1993: Growth of Perch (*Perca fluviatilis*) fed on a formulated diet reared in two culture systems: Closed circuit and floating cage culture. EAS Special Publication, No. 19: 272.

Terofal F., 1980: Ausgestorbene und seltene Fische sowie Neueinbürgerung in bayerische Gewässer. In: 125 Jahre im Dienste der Bayerischen Fischerei. Landesfischereiverband Bayern, München. pp. 104-131.

Thorpe J., 1977: Synopsis of biological data on the perch *Perca fluviatilis* Linnaeus, 1758 and *Perca flavescens* Mitchill, 1814. FAO Fisheries Synopsis, 113: 138 pp.

Tölg I. (Hrsg.), Horváth L., Tamás G., 1981: Fortschritte in der Teichwirtschaft. Spezielle Methoden. Verlag Paul Parey, Hamburg, 175 Seiten.

Tölg I., Penzis B., 1966: Über den Zander – sein Leben und die Voraussetzungen für erfolgreichen Besatz. Österreichs Fischerei, 19 (5/6): 71-74.

Walter U., 1988: Parasitische Untersuchungen am Zander, *Stizostedion lucioperca* (L.), aus den inneren Küstengewässern der mittleren Ostsee. Zeitschrift für die Binnenfischerei der DDR, 35 (11): 354-357.

Wziatek B., 2004: The feeding of sexually mature European Perch (*Perca fluviatilis* L.) in Lake Kortowskie in the autumn-winter period. Archives Polish Fisheries, 12 (2): 197-201.

Worthmann H., Burmeister M., 1989: Nahrung und Wachstum des Barsches (*Perca fluviatilis* L.) im Großen Plöner See. Fischer & Teichwirt, 40 (12): 360-364.

Zakes Z., Szczerbowski A., Karpinski A., 2000: Effect of temperature on oxygen consumption and ammonia excretion of juvenile Eurasian perch, *Perca fluviatilis* (L.). EAS Special Publication, No. 28: 765-766.

Zaugg C., Pedroli J.C., Zaugg B., Calvino C., 1999: Schutzkonzept des Aprons (*Zingel asper*): Bestandesaufnahme im Doubs. Mitteilungen zur Fischerei, Nr. 64, 44 Seiten.

Zauner G., 1996: Ökologische Studien an Perciden der oberen Donau. Österreichische Akademie der Wissenschaften, Wien. 78 Seiten.

Zienert S., Wedekind H., 2001: Erfahrungen bei der Umstellung von Zandern (*Sander lucioperca*) auf Trockenfutter. Fischer & Teichwirt, 52 (6): 202-203.

Zienert S., Wolf O., Göthling U., 2005: Aufzucht von Zandern in der Aquakultur. Schriften des Instituts für Binnenfischerei e.V. Potsdam-Sacrow, Bd. 18, 60 Seiten.

Fachbücher:

156 Seiten, ISBN 3-9500968-8-4

248 Seiten, ISBN 3-902855-06-0

152 Seiten, ISBN 3-9500968-4-1

160 Seiten, ISBN 3-9500968-7-6

Im Buchhandel oder bei: ***AquaTech** Publications*

www.aqua-tech.eu